U0050718

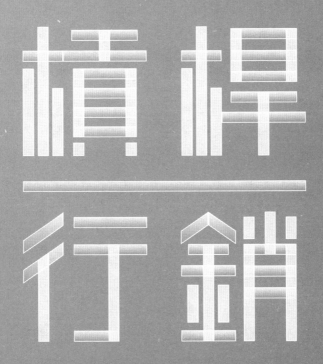

槓桿行銷

王子維（Isaac Wong） 著

前言

「Isaac，你如何能夠將Instagram (IG) 增長至擁有30萬粉絲？」這是我常常被問及的問題。以前，我每次聽到這個問題都會有點無奈，因為我知道自己難以在10至15分鐘內給對方一個滿意的答案。正如你不會問醫生：「你如何快速地判斷病人的問題，為對方治病？」一樣。培育一個IG帳號是一門專業，這需要我們付出耐心、時間以及精神，不斷地學習。

2012年，我首次接觸IG，當時，我身邊沒有一個朋友擁有帳號。在貼上一張圖片後，我把它刪除了。一年後，這個社交媒體在香港愈來愈流行，很多人註冊成為會員，把它當成Facebook以外的第二選擇。我重新下載，開始成為活躍用戶之一。到了2015年，在第一次創業後，我開始以商業的角度去思考及學習使用IG。這是一個簡單、直接的平台，圖片就是它的主打。我發現很多人開始透過IG從事一些小生意，開設最簡單的網店。其做法就是：在網上尋找貨源、貼圖上IG，然後在內文留下聯絡方式，呼籲有興趣的人聯絡，下訂單。這就是IG網店，一種低成本、高效率的商業手法。

我學習IG行銷的方法，就是從研究這些IG Shop開始。我找來了很多不同種類、行業以及風格的IG網店，研究它們的帖文風格、時間、數目，摸索如何在IG上做生意；

慢慢地開始了解到IG的潛力和未來，我知道它將會是創業不可或缺的一部分。於是，我把所有資源都投放在IG上重點發展。

我發現，從開設IG、選擇用戶名稱、頭像、不多於150字的個人簡介、建立網站、帖文等每一個微小的地方，都需要我們花費精力去撰寫及設計。

透過這本書，我希望能幫助各位創業者、公司或個人品牌發展一個具吸引力的IG帳號，以及建立出獨有的行銷策略。每一個品牌都有屬於自己的風格、它存在的理由，而IG是一個實用又強大的平台，讓你建立品牌、宣傳產品。

正如前文所提及，我在2012年開始使用IG，直到2015年才發現到IG的商業價值。對於這種後知後覺的情況，我一直都感到十分後悔。因為，社交媒體是一種愈早加入和發展，愈容易得到最大優勢的地方。現在，我也會使用其他擁有潛力的發展中平台——Snapchat、YouTube、Twitter、Linkedin、Tiktok或Podcast等，也曾經花時間研究以及實驗；其中，我認為Podcast是另一個值得投資的平台。因此，我也希望透過本書，為大家介紹如何建立一個Podcast頻道、需要的工具、設定以及成長方法。

推薦序

認識Isaac是在社交媒體上面，他不僅是Sparksine 創辦人，更是香港數一數二的Podcaster、IG自媒體創作者、YouTuber，此刻更成為了一個作家！

對我來說，他不僅僅是一個名副其實的Slasher，更是一個成功的Slasher！ 所以當我知道他寫這本書的時候，真的是興奮不已，因為有甚麼比一個過來人與你分享經驗來得更實際、更寶貴呢？我自己也是一個自媒體創作者，知道要成為一個斜槓很容易，但成為一個成功的斜槓卻很難！

行銷技巧絕對是很多斜槓族最害怕的一環，一身的好本領不知道要怎麼讓潛在客戶看到。Isaac在書中把這幾年在斜槓路上的經驗和行銷技巧毫不保留地與大家分享；對於即將成為斜槓或正在斜槓路上走走停停的人來說，如果要找到一把成功的鑰匙，Isaac這本書絕對是首選！最後希望看完此書的你你你，也可以成為下一個栽樹的人，讓更多人可以乘涼和繼續栽樹。謝謝每一個無私與大家分享經驗的人！

Winny Yeung | Social More HK 共同創辦人

做喜愛的事跟賺錢並不對立。身邊愈來愈多朋友都成了斜槓族——不甘於人生只安於現狀，做死一份工；但同時，亦見不少斜槓族朋友花了一段很長的時間但收入仍然未能維持生計，而半途而廢。

總結失敗原因，是未能掌握行銷技巧、未能持續有效地獲得潛在客戶。 Isaac 透過自己的真實經驗分享，幫助斜槓族由零開始學習行銷。誠意推介給想做斜槓族的你！

呀石 |《營銷為王》作者、「網路行銷玩家」培訓中心創辦人

創業，並不是一件簡單的事！要有夢想也要有堅持！我認識 Isaac 已經很多年，從他一開始創業到現在，經歷的高高低低，一點也不容易。這一本書所描繪的點滴，很值得想創業的你細心品嚐。共勉之！

Sunny Kok | 香港資訊及通訊科技企業家、語音聊天手機應用程式 TalkBox 聯合創辦人及行政總裁

目錄

階段 3 ：讓品牌迅速成長

目錄

階段④：投放廣告在對的觀眾之上

階段⑤：營銷未來——Podcast

10個失敗的
IG行銷方法

我是經營和投資大師查理蒙格（股神巴菲特的合夥人之一）的信徒，他的其中一個人生格言就是：「總是反過來想。」如果想得出X，你應該思考如何會得出非X。參考他的思考模式，在分享成功的IG策略前，我想先分享能導致我們走向失敗的策略。

這些失敗策略我以前都試過，而且持續了一段時間。

① 夢想愈虛，理想愈遠

在電影《少林足球》中，周星馳說：「人沒有夢想，跟鹹魚沒有分別。」我認為，這一句也適用於IG策略。很多人在建立IG帳號行銷時都缺乏一個「明確具體」的目標。

「為甚麼你需要在IG上行銷？」我認為這是一個非常重要而且決定了大方向的問題。但是，很多人卻沒有耐心思考。他們總是看到其他人透過這個平台獲得成功而選擇跟隨，沒有清晰地思考自己是「為甚麼」而做。最終，他們的策略就是沒有策略，只是單純地把Facebook或其他地方產生的內容轉貼到IG上，然後因為得不到效果，就認為平台不適合自己。

細心地研究一下，我們能夠發現，幾乎所有種類的產品或服務，都會有一些帳號在IG上表現得特別好。原因是這些帳號都有一個明確的目標，知道IG這個平台能為自己帶來甚麼。

舉例來說，我的其中一個IG帳戶@Sparktake（一個二手書買賣App），建立於2017年。當時，在IG上幾乎沒有一個和書有關的品牌能擁有超過一萬以上的followers（追隨者），而大部分品牌只擁有一個Facebook專頁。

在開始社交媒體行銷前，我發現Facebook正在修改演算法，把Facebook專頁的自然觸及率降低，在Facebook上發表的每一則帖文，只能觸及非常少數的追隨者。在成本限制下，我選擇了IG作為宣傳品牌的重心。

我當時的目標很清晰：透過IG帳號，觸及大量18至34歲的年輕用戶，成為Sparktake App的第一批早期使用者。於是，我不斷製作能吸引他們注意以及他們喜歡的內容。在一個月內，這個帳號獲得了超過一萬名followers。而Sparktake App在其後推出的第一天，得到了超過1,000個用戶下載。（在後面的章節，我會分享更多更具體的策略）

如果你想建立一套成功的IG行銷策略，就要擁有一個明確具體的目標。

② 從自己角度出發思考

如果你不從受眾的角度思考，只是想著自己、不斷地希望從他們身上賺錢，吸引他們購買你的東西，那麼行銷失敗的機會率將會大大增加。

IG是一個社交媒體，而且它相對封閉，沒有像Facebook或Twitter那樣方便簡單地分享。在IG上廣泛散播特定訊息，我們需要在內容上作出更多的努力。有一句句子說得很好：「若給我六小時砍一棵樹，我會把前四小時拿來磨利斧頭。」如果你有六小時來製作一個IG Post，你應該花四小時來研究一下你的受眾是誰、他們喜歡或討厭甚麼。

人們會按下「分享」的原因，是因為這則帖文能為自己提升「社交身價」，讓自己在朋友圈內有更佳的表現。假使帖文無法得到受眾的認同，他們就不會分享你的內容、不會跟你的內容互動。演算法影響下，你的帖文既無法接觸既有的followers，也無法被新觀眾發現。

因此，在加入社交媒體、開設商業或創作者帳號前，你便需要考慮誰是受眾。你需要了解目標受眾的喜好、他們遇到甚麼問題、想看些甚麼、喜歡甚麼帳號、和哪些帳號產生互動。

③ 只留意讚好以及粉絲數目

很多人常犯一個錯誤：總是關注讚好以及粉絲數目，更會以這兩個數字來評價一個帳號的好與壞。例如，一些品牌會選擇擁有龐大觀眾群的帳號合作，而忽略了誰才是最適合自己的合作對象以及甚麼數字才能真實反映成長。

在坊間，有很多IG帳號為了吸引觀眾，製作很多網上轉貼以及引人發笑的圖片。這些圖片十分有趣，非常吸引，能為帖文帶來大量的讚好，但是更應該關注的是：這帖文能為我帶來多少新follower / 顧客。

假設，你製作了一則帖文，獲得了大約500個讚好，但是，因為這篇帖文而增加的新follower卻一個也沒有。那麼，你認為這篇帖文表現好嗎？

為甚麼有時候會出現讚好數目增加，但follower沒有增加的情況？

BOT (機器人): 一些機器人專門追蹤某幾個標籤，當帖文出現這些熱門標籤如#like4like或#Follow2follow等，BOT就會出動，不斷地讚好帖文，令讚好數字增加，目的是透過這個方法，吸引其他帳號讚好以及follow自己。就像告訴對方：我讚好你了，你也要讚好我。

觀眾隨機讚好: 有些用戶的行為就是看到甚麼也按讚，當帳號跟觀眾的「期望」出現落差時便會unfollow——這個和前文提到的一致性相關。如果你透過迷因圖 (Meme) 吸引了大量觀眾，但帳號卻是售賣食物，那麼期望看更多迷因圖的觀眾就會因為落差而離開。

帳號仍在準備中: 觀眾在進入你的帳號頁面後，發現裡面的內容不夠吸引，因此決定離開。情況就像食客被廣告吸引進入餐廳，但發現餐廳的食物或設施仍未準備好，於是，坐下的他們決定「離去」。

從以上三點可以發現，單純關注讚好，只會讓我們錯誤地以為自己做得不錯，於是，讓錯誤繼續下去。所以，不

要只看一些表面數字，嘗試從更宏觀的數字，例如帖文儲存、帖文分享以及因帖文而獲得的新粉絲出發。

同樣原理亦適用於不同社交媒體。

例如YouTube的觀看及讚好數字、Podcast的下載數字。在稍後和數據有關的章節，我將會分享一些行銷人應該關注的數字。

④ 付錢買假粉

「Isaac，我看完《影響力》這本書，當中有一個原理叫做從眾原理。我剛開始我的IG帳號，不如買一些假的followers，讓人們覺得這個帳號很受歡迎。你認為如何？」

如果你想IG帖文的讚好永遠保持在個位數字、follower增長只是來自假粉絲，你可以參考以上的方法。我曾經試過這個方法，也看過朋友因為這個方法而失敗。

當時我在想：如果IG帳號有更多followers、基數較大，那就比較容易吸引更多人追蹤了。於是，我在一些App上花了10元美金，購買了5,000個假粉絲；結果，在半年後，這個帳號也一共只有5,500個粉絲。

為甚麼從眾原理並不奏效？為甚麼帳號沒有增長？在書本《影響力》中，作者所述的從眾原理，其實是在街頭上做實驗。作者發現，在街道上，只要有五個人抬頭向上望，便能吸引其他路過的人也向上望。這個實驗和IG假粉絲的

重大分別是，實驗是在街道上進行，路人能看到街上那五個真實的人；而在IG上，演算法會降低帖文出現在真實用戶面前的機會。

假設你的帳號有5,000名假粉絲、500名真粉絲。每次發帖，你能觸及1%的粉絲。在平均分配的情況下，帖文能觸及55人，當中50人是假粉絲，5人是真粉絲。假粉絲不會跟你的帖文有所互動，因此，一個擁有5,500名粉絲的帳號在發表一篇帖文時，只有5人會按讚。那麼，IG就會認為這篇帖文表現差劣，減低帖文的觸及率，令帖文無法展示在觀眾的主動態頁上。

⑤ 利誘「喪絲群」

「今天的表現還不錯，這篇帖文獲得了100個讚。」「我的 IG帳號成長得很好，最近follower有持續地增長。」我以前總是會因為這些數字而感到滿足，認為自己的IG帳號正在不斷成長。

讚數及粉絲數目真的能反映IG成長嗎？當然，它們有其意義所在，但是我認為以上兩個數字是外行人才會參考的數字。作為一位專業的行銷人，不應錯誤地把注意力放在它們身上。

近年，有很多公司會付錢聘請一些廣告或公關公司，設置街站送禮物給路過的途人。每位想獲得禮物的人，都需要讚好公司的Facebook或IG專頁。在禮物的吸引力下，這些專頁的追蹤者數目將會大幅上升，但是品牌會因此而獲得「真正的成長」嗎？

在 2020 年，IG 宣布正在某些地區測試隱藏讚好或粉絲數目，目的是避免觀眾流於表面，單憑數字決定帖文的質素。由此可見，IG 根本就不把讚數或粉絲數目當作一回事。因此，上述增加粉絲數目或讚數的方法長遠而言也未必再有用。

另外，如果觀眾是因為禮物才讚好你的專頁，專頁的內容本身就不是他們喜歡的東西。即使日後再看到發布的圖片或影片，他們也不會和品牌有任何互動。結果專頁又多了一批喪屍觀眾。

我曾經舉辦過一個活動，當時，我跟朋友創立了一個手作產品平台 Roundabuy，並選擇在實體手作市集舉辦「儲粉」活動。每一位在市集購物的人，只要讚好 IG 專頁以及下載 App，就能獲得 $10 現金回贈。在這個活動中，我們合共獲得了 600 個 IG 讚好及手機 App 下載次數，幾天之內，帳號便增加了 20% 追蹤。當時我們覺得：「很不錯！」但是，我們在市集結束後再發佈新帖文，發現帖文的讚好數目仍然跟以往一樣，根本沒有任何改變；而且，

當初讚好的人亦紛紛取消讚好；在 App 方面，那 600 個人也只是下載，過後便刪除 App。

這一次經驗給了我非常深刻的教訓——我們當時的資金非常緊拙，$6,000 可以說是一筆非常大的數目。到今天，我仍然記得那時候的心情有多麼差。

因此，把注意力放在錯誤的數字上比沒有關注數字帶來的問題會更大。

⑥ 帖文千變萬化

缺乏一致性是很多人也經常會犯的錯誤。常見的問題出現在帖文內容、帖文風格以及帖文時間。

想像一下,如果你今天在IG上發表了一篇和寵物有關的圖片,明天分享一篇和書有關的書摘帖文,然後在第三天分享了和食物有關的相片,你認為帳號能在別人心中留下印象嗎?受眾能一眼辨認出是你的帖文嗎?

你可能會問:「我見某某擁有很多粉絲的帳號,也是分享

各式各樣的帖文啊，他們也非常有人氣。」

是的，有些人的確能透過發表不同種類的內容，仍能獲得很高的人氣，但是，在下這個結論之前，首先要搞清楚兩者的因果關係。到底對方是因為發表不同種類的內容而獲得高人氣，還是因為他們擁有高人氣所以才可以發佈甚麼也很受歡迎？以 Lady Gaga 的 IG 為例，她的照片風格並不一致，很多也沒有加上任何設計，但是帖文通通有超過百萬的讚好或觀看，原因是她已經實現了「流量自由」。去到某個受歡迎的程度後，帳號可以分享一切內容，而且一定能獲得不錯的互動。但如果我們仍然是一般人，建議各位需要確保帖文的一致性，讓觀眾能一眼看出你是誰。

⑦ 重量不重質

多久才發佈一則帖文是永恆的迷思。事實上，這是一個非常容易回答的問題——如果你擁有足夠時間，創作出足夠好的內容，一天發佈一則帖文或三則帖文也沒有問題。

我所觀察到的一個嚴重問題是：人們為了數量而犧牲品質。發帖頻率需要有策略及方法，它不是單憑估計或大眾數據就能了解。你可以看到一個非常受歡迎的帳號一天分享一篇帖文，也可以看到另一個熱門帳號只是一星期發表一則帖文，兩者均能獲得不錯的互動，而且，兩者在準備帖文所需要的時間也相差不多。

在剛開始Sparksine IG時，我一天發表三則帖文，原因是我希望盡快了解觀眾的喜好，找出「內容市場契合」（Content Market Fit，CMF）。我是透過書本《成長駭客行銷》而了解到CMF。CMF是指：內容符合目標市場的喜好。一天發表三則帖文，能讓我了解到目標觀眾到底是否喜歡我的內容，我值不值得繼續投放資源到原本的內

容之上。這種不斷發文的風格並不是「濫發」，而是策略性測試。策略以及計劃在行銷過程非常重要，做任何事情前，都需要有個原因。這個原因需要有一定的基礎以及數據的支持。

很多品牌都為了讓更多觀眾看到帖文而不斷發帖。在演算法的改變下，這個策略日漸失效（不相信的話，可以嘗試一星期，比較一天分享一篇帖文以及一天分享四篇帖文，看看兩者的觸及率、互動以及轉發等指標。如果加起來真的出現很大差別的話，不妨多花一點時間發表更多的帖文）。

最後，假如你是電商品牌，希望在更多的客戶面前展示你的產品，不妨嘗試利用IG Story這種閱後即焚的分享模式，為需要大量分享內容的朋友而設。

⑧ 發帖看心情

我以巴士班次來比喻帖文的頻率：假設，你每天的上班時間是早上9時，但你要乘坐的巴士到達時間卻總是不定時，也沒有既定的次序，它可以在8時到達，也可以在8時15分到達；有時候15分鐘一班，有時候卻是30分鐘一班。對於這種沒有固定頻率的巴士班次，你的感覺會正面嗎？當然不會。

分享內容也一樣。每一位使用者都有其使用習慣，他們總是會在某個時間上線、某個固定時段滑IG，因此，如果你發佈帖文的時間經常轉變、帖文數目不固定，觀眾便可能會錯過你的內容，也難以建立彼此之間的連繫。

網絡世界每一天都有大量內容在搶奪觀眾們的注意力，如果沒有幫助他們建立出觀看你的習慣，你就無法籠絡他們的心。同樣道理在YouTube、Podcast也一樣適用。大家不妨觀察一下那些擁有龐大觀眾群的帳號，將不難發現到他們總是會說：「星期一、三或五某時間發佈新影片。」

其目的就是告訴觀眾們注意更新時間，植下潛意識的種籽。

謹記，社交行銷是一個搶佔觀眾心智的競賽，如果你沒有辦法在觀眾心中佔一席位，帳號便很難成長。

在中國內地，有一個社交媒體帳號叫做「十點讀書」。在每天晚上，它都會經微信公眾號（有點像Line官方帳號或WhatsApp商業帳號）發佈三至五篇和個人成長有關的文章。它的定位十分簡單：成為觀眾們的睡前能量，讓他們在睡覺前獲得一些啓發。由於定位簡單，而且發表頻率固定，它成為了大量觀眾晚上十時必定會注意的一個帳號。在2018年，這個公眾號的粉絲累積超過2,500萬[1]。

1　十點讀書官方網站 https://www.10dian.com/about

⑨ 帖文零吸引力

IG 跟 Facebook 最大的分別就是，前者是一個以圖片為主導的平台；這意味著，圖片設計決定一切。圖片既要帶出品牌價值，又要能吸引觀眾目光。說實話，這並不是一件容易做到的事情。特別是很多文字相關的帳號，以文章、書或字作為中心，要在 IG 建立品牌更是難上加難。很多品牌因為「缺少圖片」而選擇放棄。

坊間有非常多實用的工具幫助我們設計出美觀的圖片，我個人推薦初學者可以用 Crello 或 Canva。在建立 IG 的初期，我也是使用這些平台製作美觀的帖文；但是，隨著愈來愈多人知道這些工具，導致愈來愈多相似風格的帳號出現在觀眾面前。慢慢地，觀眾會開始感到厭倦。

因此，即使使用了圖片製作工具，也要嘗試創作出不同的風格。觀眾總是在追求新鮮感，因此應該要嘗試打造出特別的視覺效果，塑造品牌形象。

為了更進一步，我還報讀了一個和字型創作、設計相關的課程。如果大家參考一下著名的設計師 @thechrisdo 的帳號，就會發現即使只是一個以純文字為主導的IG帳號，也可以虜獲大眾的歡心。

IG 帖文的吸引力 ＝ 內容 x 設計

留意這條公式，兩者是乘，而不是加。這也意味著：好的帖文設計以及吸引的內容，就能獲得更廣泛的觸及。當然，如果你跟我一樣，沒有設計底子，可以選擇外判設計工作或報讀不同的課程以改善技巧。

這裡的關鍵在於：如果想透過IG獲得關注，一定不能不考慮設計的重要性。因為IG是一個以圖為主的平台，而圖片的美觀性，直接決定了觀眾會否停下來看你的帖文。

在發佈圖片前，我會先把圖片放在一個「模擬」頁面上，嘗試了解一下在實際情況中，我的帖文會如何展示在觀眾眼前。

⑩「已讀不回」留言者

如果你不希望觀眾喜歡、愛上你的品牌，那你就不要和觀眾產生互動。和他們保持距離、不要理會留言、不要理會私密訊息，也不要理會他們的建議。這是個建立「離地品牌」的好方法。

相反，如果你想獲得觀眾的喜愛、在他們心中留下印象，快速回應留言以及私密訊息就是最好的方法。

從上圖中，我們可以看到Sparksine帳號所關注的一個重要數字：互動率 (Engagement Rate)。在未知道互動率

的重要性前，帳號的平均讚好數目是 3,000 左右。當我看完 *Super Fans* 這本書後，我發現到獲得更多愛自己的粉絲的其中一個方法就是聆聽以及回應他們的留言。因此，我投入了時間以及精神去回應每一個訊息，感謝對方的留言。更進一步就是：我回應每一則私密留言。

曾經有一位朋友私訊 Sparksine 後，我回應了她，然後她這樣說：「太感動了，想不到能獲得回應。」她的回覆令我感到驚訝，也令我相信，原來有很多人並不會回應粉絲的留言，回應將會大大增加觀眾對自己的喜愛程度。

若然帳號還是很小規模，沒有太多人回應，可以嘗試在帖文中提問或加入一些行動呼籲（CTA，Call to Action），例如：「你覺得怎樣？」「你同意嗎？」「你有甚麼想法？」「你曾遇過這些情況嗎？」

加入以 CTA 後，帖文獲得留言的機會將會增加。然後，花時間回應那些願意留言的人，和對方互動。慢慢地，你會發現帳號會愈來愈多留言。另外一個方法就是：去其他

帳號的帖文下留言，和別人的粉絲互動，引導他們到你的帳號，像台灣人氣插畫家聞氫哥一樣。

好了，剛剛為大家分享了十個IG行銷失敗的方法。如果想IG帳號獲得成長，就盡量避免吧！

接下來，我們便進入「開始階段」，我將會一步一步為大家分享建立IG帳號、分享帖文、試錯等不同的策略。

我把以上過程分為四個階段，它們分別是：準備、運作、觀察以及成長。這四個步驟幫助我建立了Sparksine以及Sparktake，也幫助了我的好友們透過IG令事業有所增長。

階段

①

準備建立 IG帳號

「若給我六小時砍一棵樹，我會把前四個小時拿來磨利斧頭。」

做任何事情之前，訂立一個明確目標是必需的。你可能認為「訂立目標」是老生常談，但我可以告訴你，有目標和缺乏目標的人，兩者之間的表現將會出現很大的差距。

我所用的方法叫做 Quant Based Marketing (QBM，可量化的行銷[1])。這個概念來自一位我非常喜歡的美國創業家 Noah Kagan。QBM 的核心概念就是：你先決定自己目標，然後往前推，決定你的行為。舉例來說，你的目標是在一個月內獲得 10,000 個粉絲，你每天平均需要獲得 330 個新粉絲，然後在思考在限期內從哪裡尋到他們。比起「我想成為網絡紅人」，一個明確具體的目標更有指導作用。

那麼如何應用 QBM 在建立 IG 帳號？

1　Growth Marketing Mint.com From Zero To 1 Million Users：
　　https://okdork.com/quant-based-marketing-for-pre-launch-
　　start-ups/

1.1
量化行銷
五部曲

① 設定具體目標

留意，不同的品牌應該有不同的目標。電商品牌的目標和個人品牌的目標應該不同，但是，兩個目標都需要：合理、具體和明確。

以下是具體目標的例子。

電商品牌的目標： 在三個月內，透過IG獲得$10,000收入

個人品牌目標： 在三個月內獲得10,000粉絲

教練目標： 透過IG在三個月內獲得50名潛在客戶

企業顧問： 在一個月內透過IG獲得10個顧客查詢

② 設定時間

時間十分重要，有些人告訴你他們能在一星期內獲得 10,000 粉絲，這有可能是真的，因為我試過，但是，這個情況需要帳號去到某個程度才能實現。而且，不同的品牌有不同的性質，適合其他人的方法未必適合你。我並不是說沒有可能，但我更關注一些自己能控制的地方。有時候，一些帳號能獲得大量的 followers，源於他們早已有一群來自其他渠道的觀眾或本身是具影響力人士。

以正常方法來實現目標的朋友，我建議可以設定一個合理又有挑戰性的時間。

例如一個月內獲得 10,000 粉絲，是有可能但並不容易。一般來說，一個月實現 20 至 40% 的增長率就是合理而具挑戰性的。

③ 思考成長因子

找出成長因子，是指找出帳號能透過甚麼方法獲得成長。
我們可以透過一個簡單的excel表格[2]列出所有成長因子，
幫助自己按計劃行動，找出最有效的成長方案。

來源	容易執行程度	潛在影響	總分
IG 廣告	5	2	7
相似帳號互相宣傳	3	3	6
Mirco-Influencer	4	5	9
公關或媒體	1	5	6
Dcard 分享（論壇）	5	3	8
訪客貼文	4	5	9

上圖是我個人IG帳號的成長因子。我根據容易執行程度
以及效果，決定是否進行某些行動。例如，投放IG廣告
十分簡單，只需很少的資金以及很簡單的設定便可開始，
所以它的容易執行程度很高，分數是5。但是，IG廣告很
多時都無法為帳號增加新的follower。所以，它的潛在影
響很低，也得到較低的分數。

2　關於這些工具，大家可以到：slashmarketing.today/resources 免費
　下載。

從前頁表中，我們可以為不同的計劃進行排序。每個人的時間有限，資金也總是處於不足狀態，所以，我們必需找出「最重要」的事情，然後投入資源，務求達到最大效果。

留意，每個品牌所適用的方法都不同，適合我的成長方法未必適合你。例如，有些品牌可以透過YouTube影片獲得IG粉絲，而由於我沒有經營個人YouTube Channel，所以這個方法並不適合我。

品牌常見的成長因子有：論壇分享、Medium文章、帖文送禮、搜尋引擎優化(SEO)、Podcast嘉賓、Google廣告、標籤(Hashtag)、Share4Share等。

④ 積極執行

在找出成長因子後，下一步需要考慮的就是執行。執行是為了證明自己的推論正確。例如，當認為「訪客帖文」是一個實用的增長方法時，下一步就是尋找合作對象。然後，根據每一次的合作，判斷結果以及作用。

來源	流量數目	轉化率 (如有)	總數目	獲得 數字	Date
Sparksine 訪客帖文	2900Likes	4.13%	120	120 新 followers	12/11/2020
Give-away	64Likes	28.1%	18	18粉絲	5/10/2020

如上圖所見，我的個人帳號跟Sparksine進行了一個聯合的訪客帖文——我在Sparksine的帳號分享一則由我個人帳號所寫的相關帖文，直接令我的個人帳號在一天內新增了120個新followers。這個數字反映出品牌跟其他帳號合作進行訪客帖文，能幫助我的帳號成長。

在執行階段，我們會專注做一些和目標相關的事情。這個向前推理、向後執行的方法，幫助我們把時間、精神放在重要的地方上。

⑤ 反思

這個步驟非常重要，建議各位以一星期為單位進行一次反思，回顧一星期的表現。根據QBM，我們的成績是累計

的。舉例來說，一個月內獲得1,000個粉絲。這意味著我們可以：

① 連續30天獲得33個新粉絲
② 連續四星期獲得250個粉絲
③ 首星期獲得50個粉絲；第二周獲得100個；第三周獲得300個；第四周獲得550個

以上三個也是一個月內可以獲得1,000粉絲的過程。事實上，方法3是更簡單而且可操作的方法，因為在累積一定數量的粉絲後，成長動能會增加，增加粉絲亦會較簡單。

大部分人以為，帳號獲得增長是一個短時間內會發生的事情。當品牌花了時間以及精力後，發現無法在短時間內獲得結果，就會產生出一種「這個方法沒有效果」的想法。以一個累計、每星期獲得增長的角度來進行反思，將會引導我們了解本星期「做了甚麼」、「甚麼內容或策略有效」，令到成長動能能夠每星期增加。舉例來說，在12月的第一個星期分享了三則帖文，發現粉絲增長效果比想像

中好，便可以在12月的第二個星期投入更多資源以及精力，讓這個星期的增長比上星期快。

如果大家發現首星期的表現和目標有出入，經反思後，可以在第二星期進行改進，思考更多「主動策略」，令計劃與成長如期進行。

1.2
主動分享更多
找出受歡迎內容

在創業初期,我經常都會有一種想法:「如果別人不喜歡我的帖文,我也沒有辦法解決。」事實上,這只是被動的想法,除了等待知音人外,其實我們也可以採取主動策略(Pro-active)。主動策略的原則是:控制你能控制的事情。

主動	被動
分享更多帖文,找出最多人讚好的內容,製作更多相關內容	讚好數字
嘗試各種組合、創意,吸引觀眾分享你的帖文	分享數字
分享更多 Story、發送更多行銷電郵	顧客數目
多和他人互動、向別人分享你的內容、了解觀眾喜好	點擊率

我們要主動地幫助品牌成長,不要被動地接受一切結果。在分享每一則帖文後,都要花盡心思去把帖文散播,務求觸及更多的觀眾。

1.3
發掘小眾市場
用一句話定位品牌

有一句說話道出了行銷的重要概念:「如果你的觀眾 / 顧客是所有人的話,就沒有人是你的觀眾 / 顧客。」換句話說,如果你製作的內容是無的放矢、沒有既定的受眾,那肯定沒有人會停下來留意你。

原因如下:

① 你沒有足夠的能力接觸所有人

② 你的內容太大眾化,無法吸引觀眾停下

③ 觀眾不知道帖文的亮點是甚麼

④ 大量競爭者做得比你好

舉例來說，你分享了一則帖文，希望引觀眾發笑，但是，你不知道每個人的喜好，只能「想像」、「估計」他們喜歡甚麼。另外，一些行業龍頭擁有非常豐富的內容以及觸及率，它們能製作比你優秀、吸引的內容。在觀眾的腦海裡，「有趣」、「幽默」等關鍵字都被它們所佔據了，如 @9gag 以及 @pubity。

所以，一個品牌想要吸引觀眾，第一步要做的事情就是找出合適的觀眾。找出合適的觀眾，然後需要做合適的定位。根據行銷經典作品《定位》的說法，定位是指在消費者心中所建立的形象。其中，定位有以下兩種：**對立型定位**以及**新品類定位**。

對立型定位即是直接和競爭對手比較，做出比對方更好的東西，例如可口可樂以及百事。當年百事在推出「七喜」這種新飲料時，在廣告文案中稱：「這不是可樂。」目的就是想讓消費者產生七喜也是一種「可樂」類型的飲料，讓七喜能進入一個更大的市場（當時有 2/3 美國人會喝可樂類的飲料 [3]）。這個方法有助七喜建立一種跟可樂能夠一決高下的印象。有點像小米總是說自己的手機特效速度比蘋果快。這也是一種「對立型定位」。而香港大型網購平台 HKTVMALL 以「省錢、省力、省時間」進行定位，突出自己與傳統超市之間的分別。

3　*The 22 Immutable Laws of Marketing* Chapter 7，The Law of the Ladder

如果你所分享的內容，和市場上現有的內容不同，就可以透過對立型定位，表現出自己，吸引觀眾。如果內容跟其他已有的大同小異，最好的方法就是向下一層進行思考，例如：創業－網上創業／餐飲創業，不要關注一個缺少差異化的市場。

例如我的其中一個品牌Sparktake，它是一款讓用戶進行二手書買賣或交換的手機App。當時，我在IG上用了簡單一句話來定位：**閱讀界的Airbnb**，突顯這個平台以體驗和人為核心；然後，在平台上分享一切和書有關的書摘，強調人和書之間的關係。這個做法幫助我建立IG的形象，也展現了這個平台和其他買賣平台不同，讓我在短時間內獲得了大量觀眾。

對立型定位需要品牌在某些地方上進行「改進」或加入新功能，問題是我們能想像到基本上很多服務或產品都有人在做，而且部分做得還不錯。想要實現更好，並沒有想像般容易。而「更好」基本上就是對立型定位的重心。

我建議大家嘗試進行**品類再定位**。**品類再定位**是指在既有的內容分類上，進一步思考更細分的利基市場。

找出利基市場的第一步是先找出大市場。大市場一般分為：財富、健康以及關係，基本上所有事情都和以上三者有關，它們是一切的起點。然後，從大市場向下分析，找出你的細分市場，例如：財富 -> 投資，這個市場仍然很大，因此，我們需要繼續細分，發掘出一個更小競爭、更有吸引力的「利基市場」。

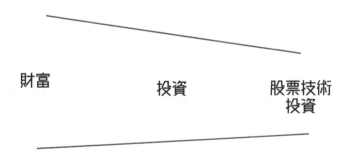

財富　　　　　投資　　　　股票技術投資

為甚麼我們要關注利基市場，而不是大市場？

大市場已經有很多競爭對手存在，要勝過他們並不容易；小市場的受眾更少，需求也較少人關注，你能和他們進行

緊密連結；你只需要獲得1,000個超級愛你的觀眾，也能
過上不錯的生活。

「如果只關注小市場，我能獲得觀眾嗎？」

答案是可以，但不一定。

首先，你需要思考到底你的目標觀眾在哪裡。你要把視野
從IG或Podcast以外拉闊，不要只關注你所在的地方。
如果你細心觀察一下自己的行為，將會發現，在不同的場
景，你可以使用不同的平台。

例如，在搜尋地方時，你會使用Google Maps；在搜尋
問題時，你會使用Google Search；搜尋教學時，你會
使用YouTube；購物時，你會使用Amazon、PCHome
或博客來。

由此可見，每一個平台也在爭奪著觀眾或消費者的眼球。

如果你所分享的內容和觀眾經常留連的地方並不吻合，獲得觀眾將會十分困難。

我的個人Podcast原本想分享一些數碼行銷技巧與方法。但是，想學習行銷方法的人總是流連在YouTube上。如果我仍然堅持在Podcast上分享，想要獲得觀眾將會非常困難，因為觀眾並不想在Podcast上聽一些涉及很多詳細步驟的東西。因此，我把自己的頻道轉型為概念型。我只在Podcast上分享一些「數碼行銷的概念」。

我的市場如下：

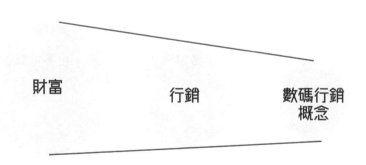

透過把市場進一步細分，我接觸到的觀眾的確較少，但是卻接觸到一些更喜歡我的觀眾。因為，我所製作的內容在市場上較少見，大眾都把重心放在「行銷」這個板塊上，而非「數碼行銷」。小眾市場的確較少，但與觀眾的緊密程度以及互動率卻會更高。以上概念適用於「知識型」類帳號。

但如果你打算透過社交媒體出售產品，除了觀眾數量外，另外一個不能忽略的就是能力。假設你是一款電玩遊戲的社交行銷人員，目標是增加產品的銷量。一開始你成功在IG獲得大量的觀眾，但是隨即卻發現銷量沒有增加。其中一個原因，是你的觀眾喜歡你，但沒有能力購買有關產品。因為很多年輕人都想購買電子產品，但購買的人是他們的家長。因此，即使獲得了大量的觀眾，也不能保證產品銷量。

假設我在網上分享開箱文，內容和「玩具」有關，這一類型的開箱文能吸引到大量青少年觀眾收看以及讚好，但是，如果我想透過這些觀眾的流量賺錢，例如售賣一些

周邊商品或課程，效果未必很理想。因為這群觀眾並不是「購買的決策者」，他們的父母才是。

因此，帳號在定位時需要考慮：市場在哪裡以及觀眾是否有能力實現你想他們做的事情。以下是我會拖取的具體步驟：

1. 進行市場調查，包括在IG查看一下競爭對手，透過hashtag或直接搜尋關鍵字，然後看看他們的產品是甚麼、價錢多少。
2. 留意這些帳號的留言、查看留言者的個人頁面，了解他們的喜好以及喜歡的產品。
3. 透過上述調查所得出的關鍵字，在IG或Facebook投放廣告。
4. 把廣告連結至購買頁面，吸引點擊者購買。
5. 如果點擊者不購買，目標顧客就有可能欠缺相應的消費能力。

1.4

7個步驟
留下潛在顧客及訂
閱者

當你製作了一則非常優秀、吸引的內容，觀眾在看過後，
除了點讚外，還急不及待進入IG的個人頁面，問題是你
的頁面卻和剛才的內容有非常大分別，因此，他們沒有進
一步的行動（如購買）便離開了。就這樣，你就白白錯過
了一個新粉絲／訂閱者。

在你發表內容之前，謹記先準備好內容、文案以及圖片，
確保你能把握每一個接觸到的觀眾。來到這裡，你將會發
現行銷定位的重要性——為了把握每一位觀眾，定位以及
一致性兩者缺一不可。事實上，一致性的重點不單在IG，
它適用於任何地方。

這裡所說的一致性，其實就是你分享甚麼、甚麼時候分享以及怎樣分享。

假如你是一位瑜珈導師，應該分享的就是瑜珈技巧、式子圖片或影片。在決定分享甚麼後，就是決定頻率，例如：星期二、四的傍晚11時。最後，就是透過YouTube及IGTV分享10分鐘的瑜珈影片，再把其中的一小段剪輯成一分鐘內的影片分享到IG上。

每一位觀眾在進入你的頁面後，都能看到你所分享的內容，明白你是一位瑜珈導師。當他們想起瑜珈時，便自然想起你。然後，每星期的二、四，都會想起要追看你的影片。

以下是我認為在開始IG或其他社交媒體帳號前，需要做的事情：

① 思考「頻道」或「品牌」的目標
② 想為觀眾帶來甚麼感受：有趣、幽默、生活風格、正

能量、實用性

③ 決定分享甚麼：Meme、Quote、教學影片、教學Carousel (輪播圖片)、生活圖片或開箱文等

④ 決定甚麼時候分享：每天早上7時？晚上7時？

⑤ 決定分享的頻率：一星期三次或五次？

⑥ 設計一致的圖片或影片：一致的風格、外貌，讓人一看到就能知道這是你分享的東西

⑦ 準備一定數量的內容 (IG：9則帖文、Podcast：5集、YouTube：6段影片)

以上就是準備工夫的上半部分，下半部分就是根據平台的特性，設計你的頁面。

由於每一個平台也不同，所以無法用一套方法滿足所有地方。但是，每一個平台大致上都包括：個人頭像、用戶名稱以及個人簡介。

1.5
IG用戶名稱
決定搜尋時曝光率

下圖展示了Sparksine的個人頁面。觀眾首先看到的就是個人頭像(Profile Picture)，其次就是用戶名稱(Username)以及姓名(Name)，接著就是個人介紹(Introduction)，還有就是Instagram上唯一一個可以放置連結的地方。(假如你不是認證用戶以及沒有多於10,000 followers的話)。

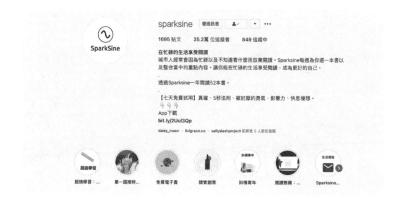

以下是個人頁面需要注意的地方：

① **頭像：**頭像不能太多顏色，也不應佔據太多空間，要留下一定百分比的空白。所有IG頭像最少應該有320 x 320 px的大小，然後IG系統會要求把頭像設置在圓圈內。如果你是以「個人」為重心，頭像最好是一種背景顏色配上你的個人照片，讓你成為頭像的中心。如果你是以品牌作為重心，可以把Logo置中，留下一些空間以突出Logo設計，不要讓它佔據了整個頭像位置。

② **用戶名稱：**用戶名稱是潛在觀眾在搜尋時所輸入的名稱，如果你的名稱太難記或容易串錯，可能會影響別人搜尋你的動機。不要使用太長的用戶名稱、儘量不要使用容易混淆的名字。嘗試在建立帳號前，先搜尋一下，看看有沒有其他帳號使用相似的名稱。我曾經在某個網絡平台上聯絡一位設計師，對方給了我他的IG帳號，但由於他和另一個帳號的名稱實在太相似，結果，我錯誤地聯絡了一個陌生人，鬧出一些尷尬情況。

③ **姓名：**我建議大家可以把和自己利基的相關資訊包含在姓名中。這樣的好處就是別人搜尋時能夠立刻知道你的帳號關於甚麼，而且也增加IG搜尋結果的曝光率，一舉兩得。例如，當別人在搜尋「創業」這個關鍵詞時，如果你的姓名也包含創業這兩個字，那帳號也會顯示在搜尋結果較前的位置。這就是IG SEO的其中一種。我把這個位置當作是帳號的「價值定位」，在10個字內寫下我的IG是關於甚麼。

④ **頁面簡介：**這是頁面非常重要的部分，因為它向觀眾傳達出你將會提供甚麼內容、帳號有何特別。在這裡，我們需要用最簡短的一百字左右寫下這個IG帳號到底和甚麼有關以及觀眾能在上面獲得甚麼。關於頁面簡介，大家最需要留意就是簡介的第一句。因為IG會把部分簡介內容隱藏，如果首句句子不吸引，觀眾便很容易會離開。

⑤ **網頁連結：**除了IG Shop、IG Story以及IG廣告外，這裡是IG唯一一個可以讓觀眾點擊連結直接到訪網站的地方，可算是整個IG中和「收入」最掛鉤的一部分。非常

建議大家用一些能把網址縮短的服務例如 bit.ly，避免因連結過長而減低觀眾點擊的意慾。

個人頁面注意項目：

- 品牌或個人頭像是否大約佔據了整個相片範圍的 70 至 80%
- 頭像圖片有沒有充足的留白
- 用戶名稱會否過長或太難記
- 用戶名稱有否包含難寫／打的符號
- 用戶名稱會否和其他帳號太相似
- 在用戶個人簡介的頭 20 至 30 字，有沒有表達出品牌的價值以及理念，讓觀眾迅速明白這個帳號的特色
- 用戶簡介有沒有分段落，避免太擁擠
- 在簡介的最後一句，有沒有加上「行動呼籲」字句，邀請觀眾點擊網站
- 連結網站是否「手機適用」(Mobile Friendly)

大家不妨參考一下名人Jay Shetty的個人品牌帳號，了解一下帳號頁面有甚麼重要的地方。

1.6
IG Reels
是必須了解的未來

IG是一個持續轉變的平台,為了增加觀眾的留存率,
它總是努力不懈地增加不同的功能,例如Highlight、
Guides、IGTV、IG Shop等。為了把陌生觀眾轉化成追
隨者,大家可以在資源許可的情況下,使用這些功能。

Highlights:

如果你有分享IG Story的習慣,可以嘗試把IG Story系
統化地進行分類,讓觀眾了解你所分享的IG Story系列。
IG Story只能維持24小時,但Highlight卻能讓觀眾一
直看到你之前所分享的內容。

Guides：

一個在2020年新增的功能。它的位置較Highlight低一點，卻非常實用，因為Guides能幫助你整合往日所分享的IG內容，把這些內容整理，讓觀眾重溫。舉例來說，你開設的是知識型的IG帳號，經常會分享一些和IG行銷有關的實用資訊，這就可以透過Guides，把資訊分類成不同系列，如個人頁面優化技巧、Hashtag技巧、製作帖文技巧等。當新觀眾進入你的Guides時，就可以立刻了解到帳號中最實用的資訊。又假設你是一位旅遊飲食Vlogger，則可以透過Guides把不同餐廳的美食整合，讓觀眾快速發掘自己感興趣的東西。

IGTV：

曾經，IGTV是被看好可以和YouTube直接競爭的App。所有長過一分鐘的影片，都會被自動上傳到IGTV，當觀眾要觀賞超過一分鐘的影片時，便會被引導到IGTV。

對於IGTV，我的態度是正面的，因為影片一直是社交媒體的必爭之地，即使它仍未能取代YouTube，但仍然有

其戰略地位。唯一美中不足的是IGTV的影片以垂直格式為主，需要創作者花費額外的心機處理，例如是把影片放進IG Story的尺寸，再加上圖片處理。

IG Reels：

IG Reels是一個非常有潛力的新功能，其特點有點像TikTok——一個以短影片為主的平台。為了加入短影片的競爭，IG推出了Reels這個功能，容許創作者錄製短視頻並加入背景音樂、AR或濾鏡等不同元素。

為甚麼我會說IG Reels有很大的潛力？因為IG Reels可以幫助內容創作者接觸更多潛在的新觀眾。用戶發佈的IG Reels有更大的機率出現在觀眾的「發掘頁面」上，在短時間內獲得大量followers，因此，我建議各位研究以及嘗試這個新功能。屆時，各大品牌可以參考Tik Tok的成長模式：

① 在影片中加入文字，當去到某個位置，便加入文字效果，幫助介紹內容。如上圖。

② 在IG Reels進行問答。你可以在影片上方留下空間，然後加入「提問」，再透過「指出」或「點頭」方式自行回答問題。

③ 透過IG Reels展示產品或服務的製作過程。這個步驟能幫助觀眾進一步了解自己即將購買的產品或服務是甚麼以及體驗感受。

④ 在完成IG Reels的製作後，你可以透過Story以及主頁去轉貼你的影片，進一步增加它的觸及率。

階段
②

著手寫下
第一個帖文

在階段一，我們做了大量的準備工作，雖然它們看似複雜而且耗時；但相信我，這些投資是有回報的。現在來到執行階段，也就是開始準備分享的內容。

IG是一個多媒體平台。在IG上，你可以分享圖片、長或短的影片、Carousel……以Sparksine為例，它是一個以分享書為中心的平台。在開始時，我不斷在不同的書本中找出讓我感到共鳴的句子，然後製作成圖片，讓觀眾能快速地讀到一些正能量的句子。

在思考內容時，我們需要先考慮：「到底為甚麼觀眾要看你的分享？」如果有看過Simon Sinek一個十分經典關於黃金圈理論的Ted Talk，大家可以知道「Why」的重要性。很多時，品牌都是從「What」開始出發，思考自己的產品、服務與內容，這個思考起點看似合理，但是卻不能打動觀眾的心。因為，所有能打動人心的品牌，都是從「Why」開始出發。

因此，我們在社交媒體分享內容時，也需要思考

「Why」，這是打動觀眾的原因。例如，Sparksine 的
「Why」是希望透過書本為他人帶來正面轉變、「What」
就是分享 IG 帖文內容，而「How」則是
透過句子融合圖片。

假設你是一位健身教練，想在
IG 上建立一個帳號，第一步便
是要思考「Why」。

Why：「為甚麼你想在 IG 上分享？」
因為我想透過 IG 分享內容，幫助觀眾鍛鍊更健康的體態，
同時增加自己的知名度。
How：「如何分享？」
每星期我都會在 IG 上發佈一則影片／直播。
What：「你的 IG 分享甚麼？」
我會在 IG 上分享一些簡單健身技巧的影片。

在了解帳號的「Why」後，下一步就是決定風格、定位以
及頻率。

2.1

教練 Vs. 知音人
選定一種風格吧

一般來說，個人帳號的風格有兩種，第一種是「教練」風格，第二種則是「知音人」風格。

教練風格是專門幫助觀眾解決問題。他／她會以輔助的角色出現，幫助觀眾面對挑戰與尋找答案；知音人風格則不同，他以一個和觀眾更貼近的立場出現在觀眾的生活中，有機會曾經歷過觀眾所遇到的問題，能以過來人的身份提供建議。

這兩者看上去相似，但在執行層面上，教練會更有權威性，而知音人則跟觀眾處於相近的位置，比喻起來就像是家庭中爸爸以及哥哥的位置。

教練常用的句子有：「你需要」、「你應該」等指令式字句；
知音人則使用：「我明白」、「我試過」等同情型字句。

比較兩者，何者更好？這視乎你的行業種類。假如你正身
處健身行業，應以教練的風格去為觀眾提供建議。「想要
減肥，你應該每星期做20分鐘的重量訓練。」；假如你
是一個玩味的服裝品牌，則可以用知音人的方式來定位。
「我明白嚴寒下挑選漂亮的服飾上街並不容易，所以，你
可以嘗試這種穿著風格。」

實例分享：

business.digest是一個專門分享商業資訊以及故事的品
牌，雖然內容很專業，但定位卻非常貼近一般觀眾——知
音人，以一種「我也明白」的心態和觀眾感到親切的字句
來撰寫帖文，減少自己與觀眾之間的距離。

@davetalas是一位外國的IG行銷專家,每星期他都會分享一個和IG行銷有關的技巧。他的定位很明確:「我要教導大家和IG有關的資訊。」內容簡單、清晰易懂,令觀眾一眼便能了解實用的行銷知識。這是一個典型的教練型定位,他經歷過觀眾所遇到的困難和考驗,現在也可以幫助大家解決一切問題。

無論以甚麼方法定位自己,你一定要先明白觀眾的痛點,也要能解決他們的痛點。假設你是一家書店或出版社等並非以教學為主題的商業帳號,可以用哪一種方法來定位?

是的，電商類產品的確難以自稱教練。面對這個情況，大家可思考一下品牌的起源以及故事，尋找答案。

例如：你是一間出版社，產品是書。這些書的受眾是誰？它為甚麼會被出版？然後，下一步就是決定風格：你想以「老師」還是「同學」的角色去為觀眾介紹這些書？兩者都以「為甚麼你要看這本書」為出發點，關鍵就在於語氣的分別。

2.2

決定你的
內容取態

當你決定了自己的風格,下一步就是思考要分享甚麼,也就是你的定位。你所分享的內容決定了觀眾如何詮釋你的品牌。

例如,Nike 在 IG 上分享的內容主旨十分簡單:運動員的精神。所以,它分享的一切都和運動員有關,它會分享運動員比賽、運動員練習以及運動員的故事。透過 Nike 的圖片,人們可以獲得一種力量,彷彿觀眾也成為了一位永不放棄的人。

另一個例子就是 @ec.wife(電商人妻 Audrey),Audrey 的定位是一位導師——一位可以指導觀眾吸收實用行銷資訊的老師;因此,她的帳號會不斷分享一些和「行銷」、

「業界更新」及「IG 濾鏡介紹」等相關的內容，讓觀眾可以快速地學習實用的行銷技巧，吸收新知識。

2.3

12類IG內容
豐富讀者眼球

① 「How To」內容，以教學類為主，能幫助觀眾學習某
　 類知識，例如如何在IG上獲得顧客。

② 品牌故事，在IG上張貼一些和品牌或創辦人有關的圖
　 片，再配合故事，向觀眾介紹一些理念和價值觀。

③ 金句，品牌透過分享不同的金句，引動情感，例如：
　 熱血、反思、傷感或痛心。愈能帶動觀眾情緒，帖文
　 效果愈好。

④ 行業分析，知識類內容的一種，透過分析行業的資訊
　 與重點，幫助觀眾對行業有更深入的認識，例如2021
　 年全球SEO專家的預測、2021年IG行銷重點分析。

⑤ 製作故事，不論是產品或是內容製作，你也可以在IG
　 上分析它們的製作過程，令觀眾能逐步逐步理解它到
　 底是如何被創造的。

⑥ 社群分析（UGC，觀眾分享內容），透過活動，品牌可以收集觀眾所製作的內容，在 IG 上分享，令觀眾可以知道自己也是社群的一分子。

關於 UGC 內容，我個人認為有兩個帳號很值得參考：

第一個是來自香港的 @couple.murmur，這是一個教科書式的 UGC 案例。murmur 是一個分享男女感情心

事的平台，讀者可以自由投稿，由 murmur 把內容整理並分享。這些愛情故事各有不同，令觀眾容易感到共鳴。

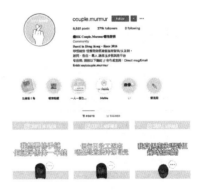

第二個值得參考的帳號
是 @uudict，這是一個
以「文字」作為內容的帳
號。觀眾可以投稿一些
和文字定義有關的內文
（通常是和主流不同的
有趣釋義），然後編輯
會把這些字整理再分享。

⑦ 冷知識，冷知識可以幫
助觀眾打破既有的知
識觀念，讓他們學習到
新東西。其中一個十
分熱門的冷知識分享
帳號就是來自9gag的
@8fact。

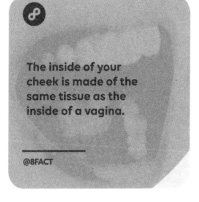

⑧ 案例，每一個品牌都有其所屬行業。透過分析業界的
案例，觀眾可以對於業界了解更多，有助品牌建立形

象，例如「成功餐飲案例：XXX餐廳」。

⑨ 銷售帖文，在帖文上分享你所賣的產品或服務，加上行動呼籲，呼籲觀眾購買。

⑩ 顧客好評，透過帖文，在IG上分享一些顧客的用後評價，讓觀眾對你的品牌更有信心。

⑪ 合作帖文，和其他相似的帳號合作，在你的帳號上分享對方的內容。這個方法可以幫助你和其他品牌建立關係以及分享更多優質內容。

製作合作帖文的具體步驟：

– 尋找跟你定位相似的帳號

– 邀請對方合作並提出合作建議 (要具體、簡單易明)

– 把對方的內容配合你品牌定位的設計

– 在帖文內容加入對方的帳號名稱，感謝或讚揚對方的功勞

– 在分享合作帖文行，標籤 (Tag) 對方

⑫ 活動，定期舉行活動，和你的觀眾進行互動並為他們送上一些小禮物。

2.4
找出自己的品牌節奏與帖文頻率

「我應該多久發佈一次帖文？」這問題沒有一個既定答案，它非常取決於你的時間。

有一個非常實用的建議，就是：根據你自己的「活躍時間」，也就是你有沒有時間上 IG。在分享後，你需要花時間回應跟觀眾互動。因此，除了前文所述的固定頻率外，你的個人時間也非常重要。

對於分享頻率，我認為大家可以考慮以下因素：

① **你的品牌**：你想透過品牌分享甚麼？

② **你的能力**：你能夠分享甚麼？

③ **資源**：你能有效地獲得製作帖文的資訊嗎？

④ **你的時間**：你有多少時間製作帖文？

由於本書的主要讀者是一些小團隊或個人，所以我的角度也從這個方向出發。大品牌基本上不會受到以上限制。

為甚麼帖文頻率很重要？答案非常簡單：**可預期性**。不論是對於觀眾還是你，在同一時間分享帖文，可以幫助你的觀眾產生預期，知道甚麼時間上 IG 就能看到你的內容。而作為分享者，你能預期，在同一時段、分享甚麼內容能得到甚麼結果。

如果品牌想分享的內容和你所擁有的能力以及時間不配合，你便無法決定發佈頻率。像我一直都希望可以一星期分享一段 YouTube 影片，但是由於我不懂得影片後製，而且沒有時間去後製以及為影片配字幕。因此，我總是無法按時發佈。

相反，在分享 IG 內容時，我擁有一個「句子庫」（資源），而且懂得使用不同的圖片設計以及加工軟件（能力），因此能夠在有限的時間內（How Long）快速製作內容，一天發佈兩則和書本、個人成長（What）有關的帖文。

如果你是一家新聞媒體，從品牌的本質上來看，你需要一天分享多則帖文，以確保觀眾能快速地獲得第一手資訊。因此，每個品牌都有屬於自己的節奏，這個節奏主要受到以上四個因素影響。如果只單純看他人做得好便複製對方的一切，將無法好好地保持一個持久運作的帖文頻率。

2.5

Less is more 的
視覺設計

這差不多是 IG 最重要的一環，因為 IG 是一個以圖片為主導的平台，美麗的圖片絕對能令觀眾停下來注意你。想要成功爭奪觀眾的注意力，就要花更多時間在設計上。

每一個品牌都不同，有些品牌會分享不同的景色，有些品牌會分享產品圖片，有些品牌則會分享教學類圖片。沒有哪一類設計會比另一類優勝，在行銷的角度來看，觀眾最喜歡的設計就是好設計。

對於設計，我個人只有一個標準：以最有效簡單的方法，展示出品牌想向觀眾表達的訊息。

@socialmorehk 是一個很經典的成功案例。這是一個以

教授 UX 以及行銷為中心的 IG 帳號。創辦人之一 Winny 一開始以分享「口罩資訊」為方式，透過 IG 的方便機制，幫助香港人在缺乏口罩的那一段時間買得一盒口罩。

在經營 IG 期間，她發現原來身邊有很多朋友都不知道 IG 的玩法以及功能，於是她便決定開始分享更多和 IG 有關的行銷技巧，透過吸引和簡單的設計風格，讓觀眾能快速地了解 IG 的行銷技巧、UIUX 設計等實用資訊。這個帳號在一年內便獲得了超過 10 萬 followers。

從socialmorehk的案例中，我們可以發現到好的設計配上實用的內容，可以幫助IG帳號快速成長。所以，所有品牌以及創作人，都不能忽視設計的重要性。

在思考帖文設計時，我們可以嘗試在IG上輸入hashtag關鍵字，例如#創業、#行銷（建議帖文結果多於10萬的hashtag，因為這代表了這個標籤有足夠的熱門度、有足夠的人氣）；或者在搜尋結果頁面的「熱門帖文」上，留意那些被IG推薦的熱門帖文設計，了解觀眾的喜好。

這是一個非常省時的方法，助你了解目標觀眾喜歡甚麼類型的設計以及內容。

你可以聘請設計師或使用不同的軟件設計美觀又吸引觀眾的內容。一般來說，觀眾只會被「更吸引」的東西所吸引，因此，你需要在設計或內容的豐富性上做得更好，搶奪觀眾的眼球。

對於設計，個人有以下七大準則：

① 簡潔清晰

② 觀眾看得舒服

③ 如果圖片上有文字，文字需要靠左拍齊（這跟人們在閱讀文章時的習慣一樣，從左到右），以符合觀眾的方式呈現

④ 圖片和文字之間需要做好對比，文字跟圖片的主色不能太接近

⑤ 在圖片左上或左下角加上品牌Logo，有助觀眾即時知道是誰的帖文

⑥ 盡量在圖片上分享故事

⑦ 跟隨網格設計，不要佔據圖片的全部空間

如同右頁的例子，大家可以把圖片分割 (1080/16px)，拉出四條線形成一個網格，然後把內容放在網格內，在視覺上建立空間，讓人看得更舒服。

除了以上七個條件外，我個人還附加了一個條件：在製作
內容的過程中，你需要享受。如果你討厭設計、討厭思考
內容，更好的做法是考慮把帖文設計外判給其他設計師。
如果你不享受的話，就無法堅持。IG行銷是一場馬拉松，
需要享受過程才能堅持下去。

2.6

寫好帖文的
第一句

圖片或影片等視覺內容是IG的核心，但這並不代表內文
不重要。因為IG會透過演算法，把相關的帖文推薦到用
戶的「發掘」頁面，讓觀眾能發掘到自己感興趣的內容。
因此，每一則帖文都需要寫上一些能夠代表品牌的內容以
及hashtag，以幫助IG了解你的品牌，並把你推薦給感
興趣的用戶。

假設你經營的是一家咖啡店，在每一則IG帖文中也可以
加入相關的描述，例如：咖啡室、咖啡豆推薦、沖調方法
以及味道，最後加上hashtag：#咖啡、#手沖咖啡，讓
IG知道你的品牌和咖啡有關，把內容推薦給咖啡愛好者。

除了善用 **IG SEO**（搜尋引擎優化），內文的另一個重點，

就是補充圖片資訊的不足。有時候，單靠圖片或影片，無法完全表達所有內容。因此，內文擔當著一個非常重要的角色，它可以幫助讀者進一步了解帖文的重點。

撰寫內文需要注意的地方：

① 花時間寫好第一句句子，因為這決定了觀眾會否繼續看下去或按「顯示更多」

② 第一句內文請概括整個帖文的重點

③ 在內文裡說故事、分享個人經驗能增加觀眾閱讀的動機

④ 在內文的結尾請加上「分享」、「到網站了解更多」、「立刻購買」等行動呼籲字句，引導觀眾行動

⑤ 在內文的結尾，使用四至五個和內文相關的hashtag以及兩至三個和品牌相關的hashtag，例如：#創業、#創業想法、#創業筆記（相關hashtag）、#Isaacstartup分享（品牌獨有hashtag）

⑥ 內文請做好分段、隔行，讓讀者能舒服地閱讀

⑦ 如果想吸引觀眾點擊網站，可以透過連結縮短工具如 bit.ly令畫面更簡潔

⑧ 在內文的結尾，提出簡單問題，讓觀眾參與討論，建立一個屬於品牌的社群

2.7

不限IG 轉化內容
發表至最多平台

當花了大量時間設計帖文、思考內容，然後在IG上分享了這則花盡心思製作的帖文，你以為一切就在這裡結束？不，這只是開始，每一則帖文都可以在不同的地方散播，發揮它的最大影響力與價值。

大部分品牌的行銷人可以分為被動型與主動型。被動型的行銷人在創作內容後的心態就是：「期待內容夠好，可以讓人發現並主動分享，使帳號粉絲有所增長。」而主動型行銷人則是：「把內容盡最大努力向外散播，令它能接觸最多的觀眾。」

不言而喻，大家知道自己應該成為哪一類人。

「你不能控制別人會否分享你的內容，但是，你能控制在哪裡散播你的內容。」

嘗試打破IG行銷的框架，不要被平台以及形式所限制，把內容分享到更多地方，讓你的心血能不斷傳播下去。

在撰寫IG內容時，我通常先以文章（Blog）形式撰寫，在自己的網誌或Medium上分享。然後，再把內容簡化，抽出重點設計成IG適用的輪播圖片上傳分享。

下一步我會為文章構思一個吸引的標題，再設計一張美觀的圖片放在IG Story──IG Story的圖片更適用於要求觀眾點擊進入網站，因此應以極短介紹或吸引眼球為主；而帖文圖片則可以讓觀眾留在IG上慢慢閱讀。

把這張IG Story的圖片直接上載到IG、Facebook和Pinterest，在不同平台吸引觀眾閱讀我的文章。如果有時間的話，我更會把內容整理，再以直播形式在IG上分享。

直播完成後，我會把直播影片存檔分享到IGTV，直播影片的音檔則分享到Podcast。直播影片更可以被剪輯成精華版本，之後以IG帖文的方式分享。

最後，我會透過電子郵件整合文章、Podcast以及IG Post，每星期傳給我的訂閱者。

以上的過程就是**內容重用**(Content Repurposing / Content Recycling)。每一位觀眾都有不同的閱讀喜好。有時候，他們可能在IG上認識你，但對於吸收資訊，卻可能偏好透過電郵。如果你在每個平台都有內容來填補他們的喜好，觀眾對你的愛將會更上一層。

「只要內容夠好，就會有人願意分享。」這個我不能否定，但也不完全認同。

我曾經看過一本叫做《成長駭客行銷》的書，作者說產品是需要被推送到觀眾面前的。

這絕對是一句至理名言，好產品需要被推送到足夠的觀眾面前，才能實現「病毒式散播」。假設每100人就有1人願意分享你的帖文，想要獲得10個分享，帖文就至少需要接觸1,000人。單憑一個平台的有機觸及，在品牌創立的前期想實現病毒式傳播絕對是非常困難（除非你的內容是一些非常具傳染性的內容，例如含故事並能觸發情緒的影片、可愛的小孩或貓狗影片等）。因此，盡全力在不同的平台、群組分享你的內容是一個非常重要的成長策略。

2.8
再少的數據
也要分析

數據就是我們的地圖，不看數據就像是在一個陌生地方，單靠感覺找出終點。

這個年代的一切行銷都應該是有的放矢，特別是對於一些小品牌——我們經不起太多風險，無法像大企業一樣有充裕的彈藥，可以投放在大量廣告上以獲取流量。小品牌能獲得的流量本身就不多，所以每一分都非常重要，為了讓流量用得其所，我們需要關注數據。

人人都說數據重要，但是，在剛開始創業的時候，大部分人總是把注意力放在讚好數目及流量上，連我也免不了總是在想：「我的品牌還這麼小，不需要特別看數據，因為根本連數據也還沒有。」

這是事實，我很記得其中一位拍檔叫我關注更多大數據，每次我都會回答：「傻的嗎？應用大數據的前題是首先有數據。不要理會數據了，關注流量吧。」這個想法聽起來很正常，但實際上卻是錯誤。因為沒有數據支持的流量，只是「虛流量」。假設你只關注網店的流量，於是投入了5,000元在廣告之上並獲得了很多流量，但網店生意卻沒有增長，每月交易額跟沒有廣告之前一樣。於是，你嘗試再投入5,000元，整個過程不斷重複。

如果你能夠在投放廣告之前，先花時間審視數據，思考整間網店的交易流程，估計顧客在每一個位置的行為模式，一切都會有所轉變。回到上面的例子，投放5,000元後，網店比平日新增大約500個到訪人數，但每月交易額依然沒變。這次有記錄數據，你知道觀眾在哪裡離開了，於是，你把數據轉化為洞見。

同樣是投入廣告，但前者沒有記錄數據，因此無法知道甚麼地方出現問題；相反，後者記錄了數據並了解訪客在網站離開後，我們就可以產生洞見——是產品不夠吸引、定

價太高還是交易步驟太過繁複？了解問題出現在哪裡，便可根據數據來改善表現。

數據可以透過安裝 Google Analytic 而獲得。在 Analytics 頁面點擊 Acqusition，再到 All Traffic 內的 Source，便能看到流量來源到底在哪裡？ IG 到底有沒有為你的網站帶來流量？

「我只是想透過 IG 或 Podcast 建立品牌，沒有網站，還需要學習和網站有關的思維嗎？」無論有沒有網站，我們都需要建立分析數據的能力，而所有數據都能被轉化為洞見。如果運用得宜，數據可以幫助你的品牌更上一層。

2.9
設定
北極星指標

我從書本《成長駭客行銷》認識這個概念。簡單來說，北極星指標就是整個品牌或網店最重要的數據。為甚麼叫北極星？因為北極星只有一顆，而且能在黑夜中擔當一個引導的角色，它是能引導你關注最重要東西的嚮導。

想問一問大家，為甚麼想透過IG做行銷？你的目的是甚麼？以Sparksine作為例子，我的目的是透過IG來推廣Sparksine App，讓這個App能以有機的方式進行推廣，並以IG作為跟用戶最主要的互動途徑。為了實現這個目的，我建立了一個北極星指標，這個指標就是我可以透過IG獲得多少「網站訪客」以及「新訂閱者」。這就是我整個行銷的重心，不管IG有多少觀眾、多少讚好，我的視線都不會被轉移，我總是在想方法把IG觀眾轉為訂閱者。

所以，我的北極星是：IG 轉化率。

北極星指標不可以是「讚好數字」嗎？可以，如果你只是為了興趣而做，絕對沒有問題。當然我也看過很多帳號起初都是以興趣開始，隨著帳號的發展而開始想進行流量轉換，也就是把帳號的觀眾化為收入。請留意一點，並不是所有帳號都可以實現這個目標，因為某些帳號轉化並不容易，而且需要的觀眾群也非常大。

我有一位朋友開設了一個 IG 帳號，它主要以分享一些迷因圖為定位，有大約 10 萬 followers。這個帳號的轉化率奇低，不論是電商還是廣告，這個帳號也無法實現盈利。原因有二：一、觀眾對這個品牌沒有「忠誠度」，因為相似的帳號比比皆是；二、這個帳號跟其他品牌沒有適合的「契合度」，可能品牌想賣 A 產品，但帳號的觀眾對 A 產品沒有興趣。要改善這情況，必須先了解品牌的觀眾數據；再嘗試推出一系列的產品，如迷因圖 tee 或 tote bag，以試驗方式找出觀眾的喜好和購買傾向，創造盈利。

我建議大家要「以終為始」，先在腦海中思考終極目標是甚麼，再決定開始時的定位與方向。

大致上，行銷目標可以分為以下幾個類別：

① **電商銷售量：** 透過IG作為渠道，把品牌以及產品散播，借此增加收入。以這個為目標的話，北極星指標可以是「網站訪客轉化率」（有多少觀眾透過IG進入網站並下單購物）

② **品牌傳播：** 透過IG作為管道，讓更多人認識這個品牌，對品牌有印象。如果目標是這個的話，北極星指標可以是「帳號每月的觸及率」，這個數字反映了IG內容能夠接觸到多少觀眾。

③ **收集顧客資料：** 收集顧客名單是指吸引你的IG觀眾成為你的lead，在網站留下個人電郵，以便你在稍後進行更深入的行銷。（一般來說，單價愈高的商品愈適合這個方法）。以收集lead為主的品牌可以把「有多少顧客經IG進入網站並留下電郵」作為北極星指標來量度行銷表現。

上述是三個常見的 IG 行銷目的，也是我們可以關注的三個
北極星指標。當然，北極星指標不一定只有以上三個，大家
可以根據自己的行業來設定，但是它們必須有以下特徵：

① 能反映品牌的核心價值，例如：Facebook 的北極
　　星指標是每月活躍用戶，它直接反映出用戶能否經
　　Facebook 獲得價值；

② 指標能反映用戶的活躍程度，例如 Airbnb 的北極星是
　　「顧客的租房日數」，在一年間，如果租房數目多，意味
　　著用戶很活躍，在旅行時願意選擇 Airbnb 為住宿地方；

③ 指標改善能代表你的品牌正在向好發展，例如一家網
　　店的核心指標是每月淨利潤，如果這個數字不斷增
　　加，表示網店也在健康成長；

④ 團隊或他人能理解這個指標，用一句話就能向他人簡
　　單說明品牌專注於甚麼。有些品牌的目標不清晰，團
　　隊內部也有不同的想法，容易令到行銷計劃出現分歧
　　與錯誤；

⑤ 盡量選擇先導而非滯後指標。如果一個指標並沒有先
　　導作用，那它就不是一個最佳指標，例如 Sparksine

並不關注月收入，它更關注的是「每星期活躍度」，因為這個指標直接反映了用戶的行為以及品牌能否獲得價值，這個數字增加，收入也會增加；

⑥ 這個指標是一個可操作指標；如果設定了一個北極星指標，但卻無法改善它，這代表了指標並沒有引導作用。

階段

③

讓品牌
迅速成長

階段一和二是準備階段，在過程中我們決定了定位、找出了品牌最需要關注的方向，下一步就是成長了，也就是將品牌帶到另一個階段。

在我看來，所有社交媒體都有以下目標：
① 透過帳號與內容實現銷售
② 透過帖文吸引觀眾讓品牌更多人認識
③ 透過帖文內容建立品牌

以上三個目標都是非得透過「內容」去實現不可。在社交媒體上，內容是最重要的一切，也是決定帳號能否成長的種子——成長不一定是粉絲數目的增長，它可以是網店銷售量的增長，一切均視乎品牌的北極星指標所決定。隨著品牌做得愈好，北極星指標的數字也應該要增加，這就是我認為的成長。

3.1

好內容＝目標觀眾喜歡的內容

那麼，在「內容才是王道」的世界裡，我們可以如何設計內容呢？很多文章都會說：「你一定要做出好的內容，只有好內容才能吸引真正觀眾。」那，甚麼內容才算是「好」的內容？

我在高中時期曾經被一位女生拒絕我的表白，對方說：「我只喜歡好的男生。」事後，我重新思考，甚麼是好呢？為甚麼我不好呢？這個問題在我找到現在的另一半後，終於想通了。所謂的好與不好，只是一個主觀的想法，A認為不好的人，B可能會覺得好。這聽起來很像「人需要空氣才能生存一樣」，但是，我認為這個事實可以幫助我們了解行銷世界的好與壞。

好內容和壞內容一樣，都是主觀的。我們要做的是把適合的內容放在適合的人面前。試圖強逼觀眾愛上自己，就像強逼那位並不喜歡我、認為我不夠好的女生愛上我一樣，最終浪費大家時間。

舉例來說，Sparksine 的好內容，就是對於剛畢業和在職場上工作了兩至三年的年輕人來說，會喜歡上的內容。這一小撮的人能成為宣傳者，幫助你把內容向外散播。剛建立的品牌先透過一群早期觀眾獲得更多反饋意見，改進內容以獲得成長。

不了解觀眾，也就不清楚自己的內容的好與壞。

3.2

無間斷的
快節奏測試

「天下武功，無堅不破，唯快不破。」——電影《功夫》

剛剛說了，成長的第一步是內容，而製作好內容的第一步就是先找出適合的人。問題來了，我的目標觀眾喜歡甚麼？我怎麼知道他們會喜歡我的內容？行銷界對此有一個說法：Content Market Fit（CMF，**內容市場契合**），也就是內容是市場所喜歡的。

回到剛剛我表白的例子，在我表白前，我覺得對方是喜歡我的。這個想法在我表白後，才有所改變。在製作 IG 內容時，情況也非常相似，每一個創作者都會認為觀眾喜歡自己的內容，這是我們的預測。主觀想法以及客觀事實之間總是存在著差異，所以我們需要進行測試，在大力投入

到內容創作前，先了解目標觀眾的喜好。了解觀眾喜好最有效的方法，就是把內容呈現在他們面前，看看他們的反應。而實現這個目標的方法，就是透過快節奏測試。這個方法我一直都有使用，其模式源於科學實驗，它主要由假設、實驗、結論三個步驟所組成。繼續透過我表白的例子讓大家了解更多這三個步驟的重要概念。

首先假設別人喜歡我。為了證明假設正確，我買了一些禮物、找了一家餐廳，準備向對方表白，希望可以「驗證我的假設」。在表白後，我確認對方喜歡或不喜歡我，然後就是決定下一步，也就是「被拒絕並尋找下一個對象」或是「和對方深入發展」。

為了實現CMF，品牌要做的就是多提出假設，找出喜歡我們內容的觀眾以及製作出更容易傳播的內容。帳號進行以上測試的頻率愈高、速度愈快，成長就愈快。這個概念跟我在剛剛學習行銷時的概念有很大差異。我所學習的行銷概念非常重視品牌建立，他們需要花大量時間去創造出屬於自己的味道以及風格，所以，每一則帖文都需要精雕細琢。

我曾經也是這種想法的支持者，但當我花了很多時間、心機去創作後，總是無法知悉觀眾的真實想法，結果就是帳號停滯不前。當然，我並不否定慢工出細貨，也同意品質非常重要，但對於資金不足的小品牌或商戶來說，快速地得到回饋並作出改善能幫助品牌節省成本，畢竟行銷的最終目的就是要實現商業目標。因此早期應以數量為先、中至後期則更注重質量，了解觀眾的喜好之後便能投其所好。

3.3

由「創業」到「閱讀」讓觀眾告訴你甚麼不可行

步驟①：提出假設

假設你認為觀眾喜歡你分享的特定內容，例如那些小品牌創辦人會喜歡我分享的 IG 行銷技巧。

步驟②：製作內容

當我作出假設後，便會花時間製作相應的內容——一則分享小品牌行銷的帖文、一本和小品牌行銷有關的電子書等。

步驟③：測試

嘗試把步驟 2 所創作的內容呈現在觀眾眼前，看看他們是否真的會讚好、分享或留言。

步驟④：根據獲得的結果，決定創作方向

如果觀眾真的有反應，就再製作下一個類近的帖文；如果觀眾不喜歡，就找出另一個可變因素，重新創作。

常見的測試包括：

① 內容方向

② 內容設計

③ 內容顏色

④ 內容標題

⑤ 內容的目標觀眾

測試並不保證我們可以實現CMF，也不能告訴你甚麼可行，它只能告訴你甚麼不可行。即使做AB測試也不保證成功。

在Sparksine IG帳號高速成長的時期，我每天都會分享最少兩則帖文，一則是「心靈勵志」的句子，另一則是「實用可行的技巧」。我並不是一開始就決定使用這兩類內容，它們是我在實驗後所得出的結論。

當時，Sparksine 的第一個定位是為想創業的年輕人分享一些和創業有關的句子，鼓勵他們追夢。為了測試這個定位，我製作了一些和創業句子有關的帖文，加上相關的 hashtag 如 #創業、#夢想。我發現，這些內容並沒有獲得我想像般的效果。於是，我提出了第二個假設：每天我們都會遇到大量的問題，如果有一些內容可以為年輕人提供能量、動力，一定可以幫助很多人。因此，我把定位改變成：透過閱讀為他人帶來正面轉變。然後，我找來一些正向句子，並把它們設計成圖片，以 IG 帖文分享。

這個轉變令 Sparksine 的 IG 互動率大幅度增加，並在一年內獲得超過 10 萬粉絲追蹤。如果我仍堅持以「創業」內容做定位，能有這樣的成績嗎？我不敢肯定，但我相信，如果觀眾不喜歡，就不會點讚、不會分享。所以，從他們的互動，便可以知道內容到底有沒有 CMF。

3.4
解決測試時
會遇到三大難題

在進行測試時，大家可能會遇到以下幾項問題：

問題1：基數不足，無法做測試

小帳號跟大帳號的一個重大分別在於：前者在資源、觀眾的不足，使進行的測試無法作準。例如，在我的另一個IG帳號Sparktake開始時，這個品牌並沒有人認識，每一則帖文所能接觸到的人都非常小，這導致了一個大問題：數據不足以作為決策之用。當一個帖文僅能接觸到10至20人，而且還是隨機的人，這種情況下進行的測試並不會有很大的作用。

對於這個問題，我當時的解決方法就是花了大約100元美金投放廣告。千萬不要看輕廣告的重要性，也不要把廣告當成是洪水猛獸。廣告可以幫助我們節省時間，讓內容快速地展示在目標觀眾眼前。

在有機（免費）情況下，想接觸到對創業有興趣的觀眾，我們只能利用＃創業、＃行銷等相關的hashtag發表帖文或在相關的帳號留言，期待能得到觀眾的注意。這個方法並沒有問題，但是太過被動了。在付費情況下，我們只需在廣告設定中輸入：＃創業、＃行銷，並投放低至2元美金，IG就會把我們的內容展示在喜歡這類帖文的觀眾面前。我們很快就可以了解帖文是否有需求。

	免費（有機）	付費（廣告）
主動性	被動	主動
所需時間	較長時間	快速
成本	$0	低至 $2 美金
觀眾	無法選擇	可以根據喜好設定，控制內容展示的位置

我的測試步驟如下：

① 製作帖文

② 在IG上分享

③ 在24小時後，「推廣」帖文，把帖文按興趣、關鍵字
推送給相關的觀眾

④ 觀察推廣後帖文的相關數字，例如：follower人數、分
享次數

⑤ 重複以上步驟，測試內容，獲得更精準的預測

問題2：測試後，也沒有效果？

測試並不保證會為你帶來有用的數據，但是，不斷地往一
個錯的方向走更是徒勞無功。我們要做的是為內容找到適
合的觀眾。有時候，適合的觀眾根本不存在或非常小眾，
想找出他們並不容易。測試是為了驗證我們的想法到底是
否正確，避免浪費時間以及成本。

測試得愈多，帳號的成長速度就愈快。

問題3：數據不足

IG數據分析所提供的數據的確非常基本。想要了解更多
「有意義」的數字，例如「經廣告而購買」、「每單位購買
成本」、「3秒影片觀看」等，可以透過Facebook的Ads
Manager來投放廣告，會有更多實用數據作為參考。
如果經營的是IG網店，我建議大家經Facebook Ads
Manager投放廣告。

問題4：擔心測試影響品牌定位

在創業初期，我對於品牌定位也非常執著，希望品牌為觀
眾帶來的整體感覺非常好而且一致，因此，我擔心測試需
要嘗試不同種類的設計，可能會令觀眾感到混亂。

想避免這個問題，可以到Facebook的Ads Manager投
放廣告。在設定廣告後才發表一則新帖文。這樣，你就
可以在不需要發表帖文的情況下進行測試。大部分原有的
followers也不會看到你的測試。

3.5

尋找互相宣傳的合作伙伴

在快節奏測試後，大家應該對目標觀眾喜歡的內容開始有頭緒，下一步就是找出你的合作伙伴。合作伙伴是非常重要的成長催化劑，如果你以為單靠一己之力便可以自然成長，就把一切都想得太簡單了。首先，IG是一個社交導向的平台，所以社交是一切的本質。除了你的觀眾外，你還需要跟其他帳號互相合作建立關係，這可以幫助本身的品牌以及合作方透過互相轉介觀眾而成長。

建立合作關係的方向：

① **互相宣傳：**如果你和另一個帳號都分享相似的內容，不妨跟對方互相分享內容，這是最簡單而且最容易實現的合作關係。好運的話，一些上萬followers的帳號也可以無條件和你互相宣傳。當然，這個機會較少。

一個更現實的做法是尋找跟你規模相似的帳號合作，邀請對方和你「互宣」。

② **產品試用：** 這個方法對於網店非常重要。坊間有非常多中小型網紅願意對不同的產品進行評價，借此獲得產品贊助。假如你銷售的是美容產品，可以嘗試聯絡一些相關的網紅，詢問對方有沒有興趣試用你的產品。除了這位網紅外，可以多送三至五件產品，讓對方送給自己的觀眾，例如舉辦抽獎活動。

③ **付費帖文：** 這個方法仍然有其用處，但對於小資本的品牌來說不太實用，而且不能保證回報。

④ **嘉賓帖文 (Guest Posting)：** 這個方法在外國非常流行，不論是Blog還是IG，不同的創作者會互相在大家的平台上分享對方的東西。與「互相宣傳」的不同之處，在於前者一般是較淺層合作，例如透過IG Story進行，但嘉賓帖文會在帖文tag對方的帳號，並同時保留帖文。這個方法能讓我們獲得更多新觀眾。我十分建議大家尋找一些帳號聯盟，互相分享大家的嘉賓帖文，因為這是最有效能讓我們接觸相關觀眾的方法。進行嘉賓帖文，大家需要考慮：

對方的定位和你是否相同；

你的內容設計跟對方的風格是否一致；

你的內容有沒有足夠的吸引力吸引對方的followers follow你；

在帖文的各地方有沒有加入突出你品牌的元素；

你的帖文如何令對方的觀眾得益？

⑤ **推介帖文：**嘗試推介一些相關網紅以及大帳號，例如「十個值得追隨的IG帳號」。當你願意推介別人，別人也有可能願意推介你。

⑥ **幫助他人解答問題：**在IG這類以社交為主導的平台，不妨看看別人有沒有遇到甚麼問題，如果可以，嘗試回答和幫助對方。你可能不會獲得即時的回報，但是，這是建立關係的第一步。

⑦ **在對方變得出名前，就和對方建立關係：**把「合作伙伴」當成是一檔股票，在對方仍未變得非常大眾化以及受歡迎前，就先跟對方建立關係。當對方變得更受歡迎時，你將會有更多的優勢跟對方合作。

3.6

向「熱門」及
「最新發佈」
帖文下手

想要尋找合作伙伴，可以先從 hashtag 入手。輸入和你定
位相關的 hashtag，然後看看搜尋結果的「熱門」以及「最
新」帖文。這些帳號將會是尋找合作伙伴的金礦。

「熱門」意味著對方的帖文受到一定程度的歡迎，這類帳號
通常已經擁有一定人氣，跟對方合作可以保證有回報，但
是，如果沒有付費的話合作成功機會亦會相對較低。另外，
有些出現在熱門搜尋結果的帖文帳號可能已經停止更新了。
因此，可以先看看對方最近的帖文發布時間是多久以前。

我的建議是觀察「最新發佈」的帖文，尋找帖文的設計風
格或創意跟「熱門」帖文相似的帳號。每天都有人透過 IG

來建立品牌，但我更喜歡的是用心去做的帳號。正如剛才所述，尋找合作伙伴就像尋找潛力股，我認為一個有上升潛力的帳號擁有以下特質：

① 一星期至少分享兩至三則新帖文
② 帖文的風格以及設計跟「熱門」帖文相似，這代表對方有認真做研究
③ 帳號的帖文風格以及分享頻率一致
④ 帳號擁有5%以上的十四天互動率

互動率的計算方式：

計算出帳號的十四天平均帖文讚好數目。如該帳號在十四天內分享了三則帖文，帖文總共獲得了210個讚，帳號的平均帖文讚好就是210/3 = 70。然後，把70除以帳號的總followers，例如有1,000 followers，70/1000 = 0.07，把數字乘以100，0.07 * 100 = 7%。平均來看，高於5%的互動率代表帳號處於不錯的水平、擁有不錯的觀眾。當然，愈多followers的帳號，其互動率會愈低。

據IG分析網站notjustanalytics的數據顯示，不同規模的followers數字有不同的理想平均互動率；而notjustanalytics的計算方式是以最近12則帖文 (不計最新的一則) 的平均讚好數字除以總followers數目。

Followers數目	互動率
<1,000	8%
1,000–5,000	5.7%
5,000–10,000	4%
10,000–100,000	2.4%
>100,000	1.7%

上表可以讓大家找出哪一個帳號擁有最高的潛力。正常來看，互動率愈高，其潛力愈大。我會額外再觀察一下對方最近數則帖文的內容，看看跟這個帳號互動的觀眾的個人頁面以及留言，以了解這個帳號到底是一個「真實帳號」還是「買回來的帳號」。

根據以上條件，我們可以找出一堆可以建立同盟關係的帳號，開始跟其他帳號互相合作，一起成長。

3.7

未來趨勢 IG Reels 令人一夜爆紅

在前文曾經跟大家提及,想要令IG成長,一定要使用IG所有的新功能。為甚麼?因為IG的新功能都指向同一個目的,就是要令觀眾留在平台更長時間。而把新功能推送到觀眾面前,有助IG了解功能是否能幫助提升IG保存率。因此,IG一定會把經「新功能」製作的內容展示在觀眾面前。

近年的代表性例子有IG Reels。IG Reels類的帖文有很大機會被展示在IG的探索頁面,這樣能幫助帳號觸及更多新觀眾。專門從事社交媒體成長的外國機構Social Media Examiner在一段Podcast訪談透露,外國有些IG帳號可以因為IG Reels而在一夜間獲得過萬以上的followers,在今時今日這個有機觸及率如此低的情況來

看，IG Reels 絕對是一個不可錯過的功能。

筆者所在的地方（香港）剛推出了 IG Reels 功能，因此，我將會在這一章節分享一些 IG Reels 的技巧，希望幫助大家更了解 IG Reels 的實際功用。

IG Reels 是一個 IG 的短片功能，用戶可以錄製一段 15 秒或 60 秒的短片並加上不同的背景音樂、文字或圖案。這個功能跟另外一個近年非常流行的社交 App TikTok 以及中國版抖音相似，主打短影片。

它的特色就是夠簡短而且有趣，在短至 15 秒的時間內呈現一個想法，是一個非常高難度的行銷方法，而且還要加入影片元素，絕對是一大挑戰。但是，IG Reels 所關注的是創意以及故事，而且它的時間短，對於想透過影片來傳播產品或服務，但又缺少資源製作 YouTube 片的品牌來說，IG Reels 是一個非常好的開始。對於個人品牌或以人作為品牌焦點的帳號來說，使用 IG Reels 的難度會相對低，事關 IG Reels 本身的風格傾向隨意以及個人化，

大品牌則會受限於既定的形象，不能隨意發布。

IG Reels的功能跟Tik Tok和YouTube Shorts很相似，Shorts也是一個限於15秒和60秒的短片平台，，算是YouTube為了抗衡其他影片平台所推出的一個短片功能。

以下是筆者使用IG Reels的一些心得，希望讓大家將來使用Reels時可以參考：

① **透過短片讓觀眾體驗產品：**拍攝一段15秒左右的影片，展示使用產品的過程或產品開箱的情況；

② **透過短片解答問題：**收集觀眾的常見問題，再以個人（個人品牌）或以動態文字影片（Text Motion）去解答；

③ **產品的製作過程：**拍攝一些工作人員在準備或生產時的片段，讓觀眾了解產品的生產流程；

④ **說一個故事：**透過影片去分享一個簡單但對品牌而言非常重要的故事，例如如何開始創建品牌、如何在工作上踏上第一個里程碑；

⑤ **集合你的觀眾：**收集一些觀眾的感言或想法，以他們

的內容作為你的影片內容；

⑥ **分享心情：** 在短片內分享最近發生的事情和對你產生的影響，例如結婚後、生小孩後、疫情下封關後等生活轉變；

⑦ **創意：** 假如你有一些天馬行空的想法想透過影片表達，不妨拍攝一段短片來宣傳你的創意。創意可以來自把兩種不同類別的東西以新方式組合、改變了某些東西的呈現方式等。

以上是集合了我的個人經驗以及一些外國知名KOL的實用建議。在這個功能推出後，我會陸續為大家分享更多個人經驗以及實用技巧。大家可以到網站：slashmarketing. today/igreels獲得跟IG Reels有關的最新消息。

想要觸及大量的新觀眾，IG Reels是一個非常值得投資的選擇。

3.8

活用「商店」功能 增加產品曝光率

IG在2020年終於推出了「商店」功能，也就是網店可以將自己的網站與IG進行連結，在IG帖文以及Story上標籤自己的產品，讓觀眾能即時購買，這功能對於網店非常有幫助。據社交媒體帖文排程服務軟件Buffer[1]的調查，76%的Y世代以及Z世代觀眾在IG上看到某些品牌後會作出購物行為，也就是說，他們在看到廣告或推薦後，願意購買該帖文或品牌所推薦的產品。

從2021年7月的IG介面中，我們可以看到IG有多著重「購物」這個功能，因為它特地開設了一個專門讓觀眾發掘新產品的位置，讓觀眾在上面選購不同IG商店的產品。這

1 Buffer: How to sell on Instagram as a small business https://bit.ly/3hl2bgC

意味著品牌除了分享帖文外，分享產品也能獲得被發掘的機會。

關於開啓網店功能的步驟，大家可以從官方網站中看到相關的指示與步驟[2]，這裡不詳述。

比起早期的IG Shop（泛指早期透過IG進行產品銷售的品牌），這種可以透過帖文銷售產品的方法絕對讓網店獲得了更多顧客。以前若想要讓觀眾進入網站，只有擁有10,000 followers以上的帳號才能透過IG Story貼上連結。現在，只要開啓了網店功能，就能在帖文中加入網站連結。

開設了網店、觀眾可以進入網站了，然後呢？

2　　Instagram購物功能設定指南：https://bit.ly/3woIgBF

經營網店的朋友很多時都會遇到一個問題：如何提升網站的轉化率？也就是怎樣吸引觀眾購買自己的產品。這裡所涉及的不再只是IG，而是整個「行銷漏斗」。吸引觀眾是第一步，下一步就是轉化你的觀眾，也是所有行銷無可避免要考慮的重點。

3.9
減少購買步驟
增加顧客分享意欲

一個簡單的行銷漏斗由AARRR五層組成，五個字母分別代表：Acquisition（獲客）、Activation（啓動）、Retention（留存）、Revenue（收入）和Referral（推薦）。

簡單的網店行銷漏斗AARRR

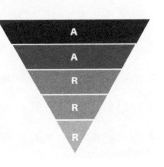

觀眾在IG發現網店　　　　　A

觀眾體驗、被你的產品吸引　　A

觀眾重新觀察、探訪你的網站/帳號　R

觀眾購買產品成為顧客　　　R

顧客向他人推薦你的品牌　　R

大家在讀的這本書都在教授如何在IG上獲得觀眾、獲得粉絲，但是，想要真正獲利，還有IG以外的很多地方需

要考慮。當建立了一個「行銷漏斗」的概念後，大家對於行銷的既有概念將會完全轉變，也能夠用更宏觀的角度去思考行銷策略。突然，你會明白IG行銷不只集中在IG上，還有非常多的地方值得注意。

舉例來說，你是一家網上首飾珠寶店。在IG上，你分享了一張非常吸引的照片，然後觀眾點擊圖片進入網站（獲客階段）。從行銷漏斗的角度來看，你只完成了1/5，「潛在顧客」還需要考慮很多因素，才能變成「顧客」以及「忠實顧客」。

當觀眾進入網站後，下一步就是進入產品頁面，他們會看商品描述、價格以及其他顧客評價（啟動階段），然後考慮是否點擊「加入購物車」。如果產品的價錢較低，潛在顧客點擊「立即購買」的動力會相對較高，因為購買的風險低。相反，如果你的品牌並不為人所熟悉、產品單價亦不低（例如高於500元），潛在顧客會作出更多的考慮，例如上Google搜尋你的品牌，了解更多人對這個品牌的想法以及意見。

如果評價不錯，潛在顧客就會重新進入網站（保留階段），購買產品（利潤階段）。如果購物體驗良好、產品服務配套讓顧客滿意，他們更會願意向他人推薦你的產品，也就是行銷漏斗的最終階段——推薦。

從上述這個簡化了的用戶流程，大家可以知道除了IG本身外，每一個和潛在顧客的「接觸點」都非常重要，不能忽視。這裡想為大家提供一些實用的建議令「潛在顧客」更大機會成為「忠實顧客」。

① 購買程序愈快、步驟愈少，觀眾購買的慾望愈大。（這就是為甚麼Amazon有一個按鈕叫做「One Click Purchase」（一鍵購買），在產品頁面按一下，便能完成整個購買程序。
② 文案清晰、易明。當顧客看你的文案時，要在三秒內了解你的產品是甚麼以及有甚麼功能、如何幫助他們解決問題。
③ 文案重要性遞增：文字 > 數字 > 表格 > 圖片 > 影片。如果可以，盡量透過影片以及圖片吸引觀眾，因

為人們對於視覺的敏感程度比文字高很多。

④ 吸引觀眾進入情景。有些產品無法讓觀眾即時體驗（例如電器），所以網店需要透過影片或圖片展示顧客在使用時的情景，讓他們在進入網站後立刻能「想像」實際的使用情況。

⑤ 提供低風險體驗。如果可以，盡量讓觀眾以低風險的方法體驗你的產品，例如網上眼鏡店 Warby Parker 讓顧客享有免運費 30 天退換的售後服務，讓顧客以低風險的方式購買眼鏡。另外，香港護膚網店 Factiv.hk 也為顧客提供試用裝產品，讓顧客先體驗後購買。的確，這會增加網店成本，但這是一筆投資，讓潛在顧客有更大機會購買產品。

⑥ 內容行銷。多分享行業資訊文章、品牌故事或 YouTube 影片，讓潛在顧客在網上調查階段對品牌有更深入的認識。

⑦ 收集並展示顧客的好評，在經典心理學作品《影響力》一書中，作者分享了一個非常實用的心理學手段，幫助我們影響他人作出決策，其中一個就是：從眾。如果潛在顧客看到產品有大量好評，他們會更願意相信

以及嘗試產品。

⑧ 再行銷。不要以為顧客在首次到訪網店後便會立刻購買，大部分購買動作都出現在第二至三次的品牌接觸上。這就是為甚麼大家在點擊某些網站後，會在其他地方不斷重複地看到某些品牌的廣告，因為品牌正透過再行銷來吸引你進行購買。

安裝 Facebook Pixel 以及 Google 的再行銷功能，透過廣告投放，吸引觀眾再次到訪。重新進入「獲客」及「啟動」流程，實現最終的「購買」步驟。

⑨ 分享循環。如果想為網店建立口碑，你需要「給顧客一個分享的理由」以及「讓他們能簡單地分享」。很多顧客願意分享產品除了因為產品實用外，他們更能透過分享而建立社交身價或獲得獎勵，例如 Uber 的乘客每次分享優惠碼給朋友，就能獲得現金回饋用作下一次乘坐 Uber 之用。這個循環能令 Uber 有更多人認識，也更有慾望使用 Uber 服務。獎勵顧客分享的方法有很多，最實用的就是顧客或用戶能因為分享而在你的品牌身上獲得更多價值，例如上述 Uber 的例子，另一個例子就是雲端儲存空間 Dropbox，每一位成功分享

的用戶能夠額外獲得儲存空間，使本身使用Dropbox的用戶在產品上獲得更大的價值。至於小型網店可以為分享者提供甚麼獎勵？網店可以提供每一個分享者和接收者購物優惠、分享者可以獲得訂單分成、分享者可以因為分享而成為「高級會員」、成效最高的分享者可以獲得高價值的產品獎勵。分享的方法最好夠簡單，每一位顧客都不需要花時間理解分享的方式以及規則，只需一鍵分享到Facebook或寫上朋友的電郵並按下發送，就能分享產品給朋友。

3.10
比起新客
更重視舊客回頭率

「獲得一個新顧客比起保留一個舊顧客的成本高很多。」
這是我在創業數年後才發現到的事實。獲得新顧客令人十
分滿足，因為這代表收入增加，顧客愈來愈多，一切看起
來都十分美好。

但是當開始用行銷漏斗的概念去思考，就能發現把新觀
眾轉化為顧客的過程需要經歷很大程度上的流失，可能是
100位進入網站的觀眾，只有5個位成為顧客，也就是5%
轉化率。如果你能把這5位顧客變成「回頭客」，便能節
省大量的行銷資金。

因此，小網店在行銷時，第一步要思考的是如何令顧客更喜歡自己，使他們能夠繼續回頭，增加每位顧客的「終身價值」。

增加回頭率的方法：

① 售後服務。不要在顧客購物過後就捨棄他們，要做到購買前、購買時以及購買後都能獲得最優質的服務。

② 為舊客戶提供特別服務或禮品。很多品牌都只會花時間在新客戶上，像大量迎新禮物，但是，舊客戶才是最需要獎勵的人。

③ 提供驚喜。當顧客購買一本書時，他以為自己將會獲得一本書，但是，有些書店卻可以為顧客提供書以外的東西，例如是一杯咖啡、一包茶葉、一張書籤等。我曾經和另一半到訪高雄一家餐廳，本身只點了兩道菜，老闆卻額外多送我們一道菜，說是希望遊客更享受來高雄旅遊。這讓我們對餐廳的感覺很好，印象十

分深刻。

④ 定時為顧客提供資訊。透過電郵以及社交媒體，為顧客提供價值以及讓他們記得你的存在。

⑤ 聯絡。多跟顧客進行溝通，提供更多途徑讓他們接觸到品牌，為你提供更多的回饋，讓品牌能做得更好。

⑥ 教育。做好產品教育，讓他們在購買你的產品後能立刻上手以及在產品上獲得最大的價值。

⑦ 建立社群。讓顧客跟你以及其他顧客也能成為朋友。你可以成為一道橋樑——建立一個社群邀請顧客加入，令他們對品牌有更強的歸屬感。

階段
④

投放廣告在
對的觀眾之上

Facebook廣告是我們必須學習的行銷利器，如同前文所述，我們可以透過Facebook進行快速測試，找出CMF。

透過付費方式，我們主動把帖文展示給目標觀眾或潛在顧客。一個品牌自然可以免費以有機的方式吸引愛好者，但是除此以外，也可以透過Facebook廣告來吸引目標觀眾，節省累積觀眾的時間，而且更精準地獲得觀眾、更快速地測試內容或創業點子。

4.1

Facebook廣告
可低至 $5美元一天

以下是投放Facebook廣告的步驟。

在 https://business.facebook.
com/adsmanager/ ，點擊「建立」
(Create)，選擇「轉化廣告」(Conversion)。

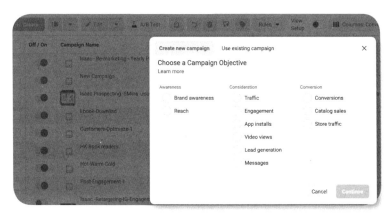

在投入廣告之前，我們需要先了解每一項分類的結構。每

個廣告可以分三個層級，「行銷活動」（Campaign）、「廣告組合」（Ad sets）以及「廣告」（Ad）。

「行銷活動」是整個廣告的核心，也就是為甚麼你要設立這個廣告；「廣告組合」是廣告的相關設定，例如觀眾年齡、喜好以及地區；「廣告」則是圖片、文案。

一個行銷活動可以有多個廣告組合，每一個廣告組合又可以有多個廣告。在設定廣告時，我們需要先思考廣告的目的是甚麼，再按需求進行設定。

廣告目的可以大致分為：「獲得新觀眾」（Prospecting）、「再互動」（Re-engagement）以及「再行銷」（Remarketing）。獲得新觀眾是指把廣告投放在之前未接觸過的新觀眾面前；再互動是指把廣告投放在曾經在 Facebook 或 IG 上跟品牌有互動的觀眾（例如曾經讚好 IG 帖文者）；再行銷則是把廣告推送到曾經到訪過網站或曾經在網站進行某動作的觀眾（例如曾經把商品加入購物車。這個設定需要使用 Facebook Pixel）。

在了解目標後,下一步就是命名。命名有助你快速了解廣告表現以及為廣告進行分類。

關於廣告的命名,可以使用這個結構:

① **行銷活動**:誰的設計 – 哪裡投入廣告 – 廣告定位 – 廣告種類 – 日期,例如「Isaac — Prospecting(獲得新觀眾)– 5 Mins Journal(5分鐘日記下載)— CBO(稍後講解)– 20210515」

② **廣告組合**:行銷漏斗的位置 – 觀眾喜好 – 廣告組合的特性 – 日期,例如「Reengagement – IG Visitors 60 Days – 20210515」

③ **廣告**:廣告名稱 – 標題 – 廣告定位 – 廣告類型 – 日期 ,例如「網誌圖片001 – 五分鐘日記下載 – 單一圖片 — 20210515」

Facebook廣告並不需要大量成本,即使少至$5美元一天,也可以投放廣告。當然,不同的行業有不同的價錢。廣告是以競價方式進行,想要廣告獲得觸及率,便需要投入更多金錢。(廣告成本競價需要更多的經驗,不建議剛

嘗試Facebook廣告的朋友採用)

每一個廣告都有兩種不同的成本設定，分別是：**廣告活動成本最佳化**(Campaign Budget Optimisation，CBO) 以及 **廣告組合成本最佳化**(Adset Budget Optmisation，ABO)。前者是指設定一個總成本，讓Facebook把錢分配在廣告組合之上；後者則是為每一個廣告組合設定一個成本，然後按自己心意投放廣告。

如果選擇了CBO，然後把成本設定位 $200，再建立了兩個廣告組合A和B，Facebook將會按情況而把成本投放在其中一個廣告組合中，資金比例可能會變成90%在A，10%在B。而ABO設定則可以避免以上情況。當你設定了每一個廣告組合的成本，如 $100，Facebook便會按照指示花在A和B上。

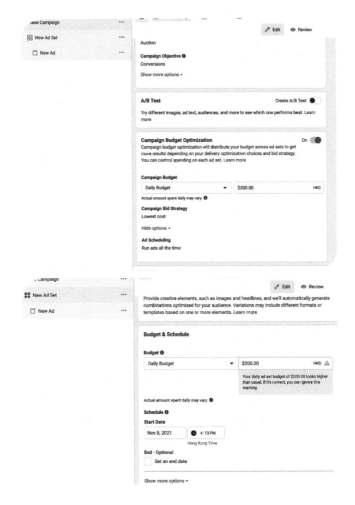

哪一個更有用？答案是根據實際情況。假設你想先找出喜
歡你品牌的觀眾，可以選擇 ABO，先把錢平均地投放在
每一個廣告組合之上。

在設定成本後，下一步就是進入廣告組合。廣告組合看似
很複雜，但使用起來卻非常簡單，它主要決定廣告投放在
誰人面前。

一個廣告活動可以設定十個廣告組合，觸及十批不同的觀
眾，這也是快節奏測試的重要部分。

4.2

曾讚好或到訪網站
更大機會成為顧客

還記得剛才提及的「再互動」以及「再行銷」廣告嗎？兩者
皆可以在自訂受眾（Custom Audience）這個位置設定。
設定後，便可以把廣告投放在曾經進行特定活動的觀眾身
上。

我個人常用的設定：

① 七天內曾到訪網站的觀眾
② 七天內曾經把產品放進購物車的觀眾
③ 七天內曾經和Facebook專業帖文互動的觀眾
④ 曾觀看影片三秒以上的觀眾

當投入再互動或再行銷類型的廣告時，我總是會使用以上的設定。這樣，我的廣告便可以出現在這些曾經跟品牌互動的觀眾面前。

4.3

從相似品牌的
粉絲群
發掘新觀眾

簡單地介紹了一些廣告設定的基礎後，來到一個我認為最
重要的部分：透過廣告獲得新觀眾。

在廣告組合這個位置，大家可以自由設定目標觀眾的喜
好、興趣。我經常透這個功能進行快節奏測試，讓我了解
觀眾的喜好。

假設有一個廣告，目標是希望吸引觀眾下載電子書。這本
電子書和工作效率有關，我希望了解對「工作效率」感興
趣的朋友會否對這本電子書感興趣。

因此，我在詳細目標設定這個位置輸入「經理人月刊」，
因為《經理人月刊》也是一本和工作相關的雜誌，喜歡《經

理人月刊》的人也有機會喜歡我的電子書。

簡單地寫下你的「競爭對手」或定位相似的品牌，你的廣告便能觸及他們的觀眾。這是一個非常實用省時的方法。

但是，有些品牌並沒有被Facebook推薦，即使你輸入品牌名稱，也不會有任何結果。這時候，你便可以選擇：

① **轉向其他同類型品牌**
② **轉向興趣類**

以剛才的例子，假如無法把目標觀眾設定為「經理人月刊」，我會嘗試輸入「博客來」。

博客來是一家大型網上書店，喜歡看書的人也有可能會對我的電子書感興趣。當然，如果想更準確，可以進一步收窄範圍。

大家在「進一步設定」選擇目標受眾為符合條件Ａ以及條件Ｂ的Facebook用戶。

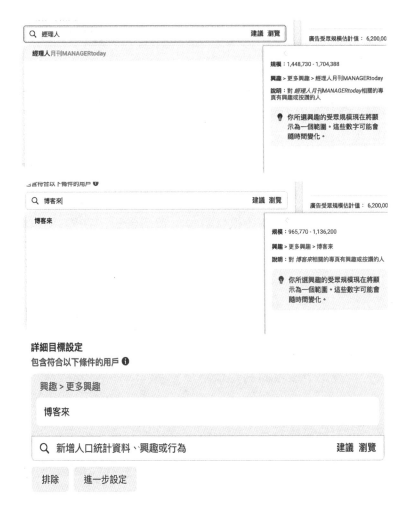

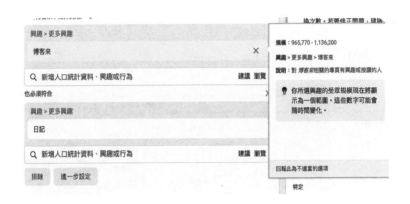

以剛才的例子為例，因為電子書跟「日記」有關，為了讓廣告更精準，我把目標受眾設定為「博客來」和「日記」。這樣，Facebook便會根據數據，把廣告投放在同時對以上兩者感興趣的觀眾。

如果你只是初次投放廣告，不妨把廣告目標設定在一至兩個廣泛的興趣，隨著你對於廣告受眾設定有更深入的認識，再設定更多不同的受眾組合。

透過以上簡單的範例，大家可以了解到一個廣告活動可以有很多個廣告組合。大家在廣告組合上進行 AB 測試，便可以找出最有可能購買產品的觀眾。

廣告活動	廣告組合	廣告	成本
吸引觀眾下載電子書			ABO
	博客來 x 日記	電子書下載設計圖 1.jpg	$30
	經理人月刊		$30
	華爾街日報		$30

從上述表格中，大家可以看到我的廣告設定。這個廣告活動的目的就是：吸引大量人下載我的電子書。整個廣告的可變因子就是：觀眾喜好。我使用ABO來設定廣告，再修改不同的受眾，找出能獲得最多下載量的廣告組合。

除了測試受眾外，我也可以測試廣告的設計以及文案。繼續剛才的例子，假設我已找出最喜歡那本電子書的觀眾是「博客來x日記」這個組合。下一步，我可以測試的就是廣告內容本身，例如文案以及圖片。

廣告活動	廣告組合	廣告	成本
吸引觀眾下載電子書			
	博客來 x 日記	電子書下載設計圖 1.jpg + 標題 A	$30
		電子書下載設計圖 1.jpg + 標題 B	$30
		電子書下載設計圖 1.jpg + 標題 C	$30

大家可以選擇建立新廣告或推廣現有的帖文。有些朋友擔心在測試階段，分享的內容會影響Facebook專頁本身follower的觀感；想避免這個問題，可以在廣告組合中的「關係鏈」，選擇排除Facebook專頁現有的觀眾。就這樣，大家便可以簡單快捷地設定不同類型的廣告目標觀眾，找出最受歡迎的廣告設計。

關於Facebook廣告，以上是最基本的入門介紹。要注意
一點，就是Facebook總是在改善這個系統，大家看到的
介面可能會有輕微差異。

階段

營銷未來
——Podcast

除了IG外，另一個非常適合建立個人品牌或進行商業宣傳的平台就是Podcast。Podcast並不是新平台，它已經存在了一段頗長的時間——遠至iPod年代，就已經出現Podcast，不過是直至近年，Podcast才在亞洲地區流行起來。

5.1

營運屬於自己的
網上電台

簡單來說，你可以把 Podcast 當成是一個網上電台。在錄製你的節目後，按下上傳鍵，便能接觸到使用 Podcast 的觀眾。現時主要的 Podcast 平台有 Apple Podcast、Spotify、Google Podcast 等。

我在 2018 年開始便已經有收聽 Podcast 的習慣，當時的創作者主要來自外國，觀眾可以接觸到種類繁多甚或冷門的內容，例如關於外星陰謀論的主題。到了 2019 年，愈來愈多台灣以及香港的創作者參與 Podcast，這進一步使兩地的 Podcast 市場大眾化起來。

另外一個吸引我開始錄製 Podcast 節目的原因，是 Siri 以及 Alexa 等人工智能助手的技術發展變得更成熟。在家

中，很多人都擁有一台智能喇叭；在街上，很多人都會佩戴著藍芽耳機。人們只需說一聲：「喂Siri / Alexa，搜尋XXX」，這些助手便會協助他們找出不同的結果。將來的技術如果可以成熟到分析Podcast音檔，Podcast內容便會變得非常有價值。它會變成一個以聲音為主的Blog，分享資訊和幫助觀眾下決定。

個人認為，Podcast適合任何品牌進入；哪怕經營的是B2B事業，也能夠透過Podcast獲得潛在顧客。舉例來說，我有一位朋友的頻道是以「企業培訓」為主，他透過Podcast分享一些和該培訓相關的內容，並因此吸引了不少顧客報讀他的課程。

如果你經營的是一家電商，也可以以出售的商品作為起點，為聽眾製作一些能解決他們問題的Podcast節目。假設你經營的是一家賣新鮮食物的網店，Podcast內容可以跟食物、新鮮、健康以及食安相關。製作一集Podcast，題目可以是「不能錯過的十種健康食物」。

Podcast 的題目愈小眾,觀眾跟頻道之間的連結便愈強烈。因為這類觀眾感興趣的題目一直都沒有人提及,而你便成為了少數甚至唯一的橋樑,為他們營造了一個能分享興趣的社群。

舉例來說,Sparksine 的 Podcast 所關注的題目是「書」,這個題目在香港並不特別受歡迎。比起「食物」、「娛樂」,書的市場實在小很多,很少品牌以及頻道會關注書的題目。因此,Sparksine 廣東話讀書會的出現,正好為香港的閱讀愛好者提供了一個媒介,讓他們可以關注以及接受和書有關的資訊。

5.2

Podcast
三大基本設備

常見的Podcast平台有Apple Podcast、Spotify、Google Podcast以及Soundon。這些平台各有各的特色以及推薦機制，聽眾也會因應手機系統而選擇不同的App。每個平台都會提供數據，讓你分析觀眾的行為，了解觀眾的喜好。

Podcast代管服務

但是，以上平台並不會代為處理音檔。以比喻來說，平台就像店鋪，而代管服務就是產品的包裝。你需要先把產品（Podcast音檔）傳送到產品包裝工場（Podcast代管服務），然後，產品便會經代管服務發送到不同的店鋪進行銷售（上傳至不同的Podcast平台讓觀眾下載）。

Podcast代管服務有免費以及收費，我個人使用的是podcast.co(收費)以及bcast.fm(收費)。另外一個非常受外國Podcaster歡迎的收費平台是Buzzsprout；而免費的代管服務我則推薦anchor.fm (Spotify的公司)。

選擇收費的代管公司，是因為我怕提供服務的公司會突然倒閉，或者在我不知情的情況下在Podcast節目中加插廣告。這也是為甚麼我會推薦anchor.fm，因為有Spotify在背後，出現以上情況的機率會較低。另外，代管公司也會提供一些額外的服務，例如數據分析、廣告加插以及電郵訂閱，讓你能進一步跟聽眾產生更多連結。如果想追蹤Podcast的排行以及變化，可以選擇付費的chartable.com；否則一般來說，免費的數據分析已經十分足夠。

Podcast麥克風

Podcast最重要的就是音質，想要觀眾繼續聆聽，你需要一支不錯的麥克風。我個人推薦Shure推出的Podcast麥克風Shure MV7。MV7的音質令我非常滿意，雖然它的價格較貴，但的確是物超所值。

Podcast錄音以及後製軟件

重要的事情說三次：音頻一定要剪輯、音頻一定要剪輯、音頻一定要剪輯。評估Podcast表現的一個重要數字就是「聽眾保留率」，也就是聽眾平均會收聽的百分比。你需要為音頻進行後製，把不重要的部分以及廢話剪掉，因此，你需要使用軟件為你的音頻進行剪接。我使用的是Macbook的Garageband，這是一個非常簡單的軟件，讓我能快速修剪並輸出音頻；另外一個較多人使用的免費軟件就是Audacity。

以上就是Podcast的基礎知識，也是營運一個Podcast頻道時所需的基本設備。

· **Podcast代管服務**
· **Podcast麥克風**
· **Podcast錄音以及後製軟件**

建立Podcast頻道的成本很低，比起YouTube，絕對是簡單又實用的平台。

5.3

香港頻道定位宜大眾化

如同IG一樣，如果你的Podcast頻道定位不清晰，便無法吸引觀眾。所以，你在頻道營運的第一天便需要做好定位。

Podcast頻道有兩種，一種是新品牌，以Podcast頻道作為第一重心；另一種則是在其他平台已經建立一定觀眾群，想在Podcast上獲得新觀眾以及為舊觀眾提供多一個選擇。

對於前者，我的建議是：先從某一個「題目」開始，分享你感興趣以及熟悉的題目。人們在IG以及Facebook不願意花太多時間在同一則帖文之上，而且特別著眼於視覺相關的內容。而在Podcast，所有類型的內容也可以有自己的市場。比起YouTube，人們在Podcast上會收聽的

題材更廣闊，而且更願意花時間，哪怕內容和學習或嚴肅的概念有關。但YouTube在演算法之下每一段新影片能獲得既有訂閱者的關注會較Podcast少。另外，觀眾在看YouTube影片時也較容易分心，因此，每一段影片需要投放不同的效果以保留觀眾的注意力。

如果你的目標聽眾在台灣，起始題材可以關注一些小眾以及利基的題材。因為台灣的Podcast市場近年漸趨成熟，愈來愈多品牌或個人開設頻道。在百花盛放的情況下，在Podcast上分享利基的題材，會令頻道更突出，獲得更多聽眾。

相反，香港的Podcast用家雖然也在增長，但仍未普及化。不論是頻道、觀眾以及廣告商，仍然未有全力投入在Podcast之上。在Podcast聽眾不足的情況下，關注太「小眾」的題目，未必能為我們帶來太大優勢。

我在開設Podcast頻道前，也想過要關注「IG行銷」這一個題目。在外國，IG行銷是一個大題目；而在香港，則

是一個相對較小的利基題目，在Podcast上，想聆聽這個題目的人又就更少。在聽眾少之又少的情況下，我把IG行銷擴闊成「創業、行銷」。對這個主題感興趣的聽眾比起只對IG行銷感興趣的聽眾多，因此，我把自己定位成「在Podcast分享行銷的創業者」。

5.4

賺錢模式
決定Podcast定位

透過Podcast賺錢並非不可能,而且會愈來愈容易;因
為市場愈成熟,聽眾便會愈多,賺錢的途徑亦會隨之而增
加。

常見的賺錢模式如下:

① **廣告**:在Podcast節目開始前提供廣告,向廣告商進
行收費
② **銷售服務**:透過Podcast建立個人品牌,建立出「專
業形象」,藉此獲得潛在顧客
③ **銷售產品**:在Podcast節目上宣傳產品,吸引聽眾支
持並購買
④ **銷售課程**:在Podcast上分享特定題材,建立出「教

練」或「知音人」形象，便能向聽眾售賣相關課程

⑤ **銷售訂閱服務：**在訂閱平台例如Patreon上提供一些
專為訂閱者而設的內容，吸引聽眾訂閱

在外國，以上五類的商業模式都非常普及。在香港，由於
Podcast仍然處於早期狀態，大部分的商業模式都是以品
牌配合訂閱服務，例如長期排行在Podcast榜頭十位的
「白兵電台」，其商業模式就是訂閱其Pateron頻道；另外
一個長期處於Podcast榜首的頻道「五分鐘心理學」則是
透過銷售企業培訓課程來實現盈利。

在台灣，各類型的商業模式都存在。以「Gooaye股癌」
為例，這個頻道每一集基本上都有廣告商贊助。除了廣告
外，他更出版了書籍《灰階思考》，實現另一種盈利。在不
久的將來，他有可能會推出課程，進一步擴大自己的影響
力。

看到以上商業的商業模式後，大家將會了解到「定位」的
重要，因為頻道定位跟商業模式關連很大。

舉例來說：

如果 Podcast 頻道一開始定位為「IG 行銷」，商業模式為
銷售課程，在香港這個目標聽眾不多的市場，對這個題目
感興趣而且會聽 Podcast 的人可能只有50人。假設我能
壟斷這個市場，想透過銷售課程來賺取每月 3,000 美元的
收入，我便需要擁有100%的轉化率加上每一個課程的單
價是720美元。

$3000 * 12 / 50 = $720（美元）

轉化率，也就是成功把潛在顧客變成顧客的比率。假設有
一家超市，有100人到訪，有90人購買東西，轉化率便
是90%。在互聯網的世界，擁有10%的轉化率已經很不
錯（品牌的定位愈利基，轉化率愈高）。在現實情況下，
假設我的轉化率有大概20%，想要獲得我的理想收入，
在課程價格為720美元情況下，我需要獲得的聽眾數目是
250個。參考以下算式：

$$(3000 * 12) / 0.2x = 720 \text{，} x = 250 = 目標觀眾$$

分析以上數字，我可以思考並分析到底這個市場有沒有足夠的聽眾讓我實現盈利。當然，以上只是一條簡化了的算式，實際情況可能會更差（也可能會更好）。

定位以及商業模式非常重要，如果你的商業模式需要大量觀眾，定位便需要更廣闊，確保能獲得足夠聽眾。這解釋了為甚麼香港的Podcast頻道很少廣告，因為香港的聽眾仍未多到能吸引品牌投放廣告的程度。

5.5
由零開始
可請其他品牌
或專家合作

想要實現盈利，便需要獲得流量。跟IG相似，Podcast
平台本身並不會為你帶來任何流量。我的個人Podcast
開始了三個月後，才獲得1,000個下載。（除了IG Reels
以及TikTok外，很少聽見有任何平台有機會讓新帳號獲
得大量觀眾）因此，新頻道在這方面會較在其他已擁有一
群觀眾的頻道弱。

以Sparksine為例，Sparksine在其他地方已經擁有一群
觀眾，這群觀眾有部分也是Podcast的使用者。當我在
電郵或IG上公佈Sparksine即將開設Podcast的消息後，
觀眾將會透過IG或電郵進入Podcast平台，在頻道下留
言以及下載。基於平台的機制，Sparksine的排行便會上
升，上升到排行榜的位置，吸引更多新聽眾，令到下載量

不斷增加。

比起新頻道或新品牌，一些已在其他地方擁有觀眾的品牌將會有更大的早期優勢。這也是GaryVee能在所有平台擁有大量追隨者的原因——因為他能槓桿自己既有的觀眾。

那麼，新頻道是不是沒有機會呢？我不這樣認為。在開設個人Podcast頻道前，我也只是一個素人，建立個人品牌的第一個地方就是在Podcast。在三個月內，我成功獲得1000個下載；在半年內，每月下載量更超過10,000。

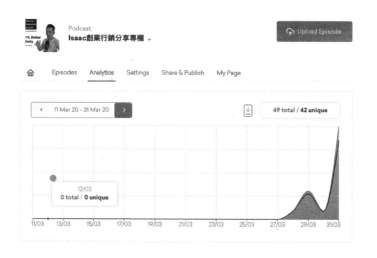

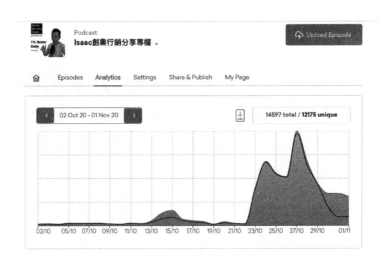

上圖所示，是我的個人 Podcast 開始的首兩星期，下載量只有 49 次，全部來自我的親朋好友。

在半年後，我的單月下載量是 12,175 次。以下是我的 Podcast 成長策略：

① **和其他品牌或專家進行訪談：**這是我的 Podcast 頻道成長的主要燃料，透過和不同的品牌合作，我成功地得到了很多新聽眾，令到 Podcast 名氣增加。

② **定時分享：**想要獲得更多聽眾的喜愛，頻道需要定時

分享內容。當時我非常勤力,每星期都會推出最少一集,這個習慣幫助我建立一個社群。

③ **在其他地方出現:**除了在Podcast上,我更會在IG以及討論區上分享一些Podcast心得,幫助其他有意開設Podcast頻道的朋友建立自己的Podcast。

④ **根據最新消息、話題,分享相關內容:**例如在2021年1月,Clubhouse突然成為熱門平台,我立刻發佈了相關的Podcast內容,該集獲得了過千下載。

由於我在早期並沒有任何名氣,Podcast的主要成長方法來自跟其他帳號合作。合作可以令我現有的聽眾獲得新的價值,也可以令我獲得新聽眾。

5.6
要成功邀請嘉賓需提供價值互換

「你好，我有一個IG帳號，很希望你可以幫我分享。」這些邀請我經常也會收到，但一個也沒有理會。

為甚麼？因為對方根本沒有尊重我，單純只是想我去幫助他。他既沒有具體地指出我要分享甚麼，也沒有自我介紹，更重要的一點，是他並沒有從「我」的角度出發。

邀請別人合作的第一個重點，就是你能為對方提供甚麼價值。

我曾經邀請過一位嘉賓分享「2020年的行銷策略」。當時，我在邀請訊息指出，我的Podcast是以甚麼為主題、能讓對方接觸多少觀眾，以及能幫助宣傳對方的

YouTube頻道。這就是我為對方提供的價值。所謂價值，其實就是對方能獲得甚麼「好處」。對方付出了15至30分鐘擔任你的嘉賓，你應該要為他提供好處，作為報酬。

邀請Podcast嘉賓範本：

你好XXX，我是Podcast頻道XXX的主持人Isaac。這個頻道主要以分享行銷以及創意為主。現在有超過XXX位聽眾。（你是誰、內容關於甚麼）

我希望能邀請你成為我的Podcast嘉賓，分享2022年的行銷重點。在分享的過程中，我會宣傳你的品牌以及網站，讓更多人能了解你的品牌。（價值）

如果可以的話，歡迎告訴我甚麼時間方便你。（也可以更具體地問對方一個確實日期和時間）

Podcast錄製方法：網上，你只需要透過手機或電腦，連
接麥克風，接收連結邀請便可

Podcast時間：大約30分鐘

Podcast題目：2022年的行銷重點

（明確指出受訪者關心的問題以及疑問）

如有疑問，歡迎透過本電郵以及電話1234567聯絡我。

（聯絡方法）

再一次感謝你的時間。

Best,

Isaac

5.7

音質為先
內容隨後

錄製 Podcast 訪問的其中一個重點就是「音質」。謹記，
預先了解對方有沒有麥克風，在沒有麥克風的情況下錄
音，將會令節目分數大打折扣。另一個重點，就是要對方
使用能錄音以及聆聽的麥克風。我曾遇過一個情況，對方
的麥克風沒有收聽功能，因此，我的聲音直接從對方電腦
的喇叭發出。這些聲音被麥克風所錄製，導致整個音檔出
現回音，最後不能使用。

因此，錄製 Podcast 訪談時，你以及對方都需要一支麥
克風、一個耳筒。我亦會使用 https://cleanfeed.net/
網站。這是一個免費網站，在開始錄製 Podcast 前，可
以向嘉賓發送一條連結，對方點擊後，便能進入，開始錄
音。cleanfeed 的好處是，在錄音過程中，你可以隨時下

載錄音檔。因此，在開始前，宜先試錄，然後下載錄音檔，聽一聽內容有沒有問題。

由於嘉賓的時間非常寶貴，建議大家在事前做好準備，確保不會出現技術問題。訪談前，也應預備好相關的問題，向對方提問。不要在缺乏準備的情況下進行錄音。因為這會令到你錯過從對方身上得到最佳內容的機會。

① 可以先介紹一下自己嗎？
② 你是如何開始你的事業？
③ 在過程中，你有遇到甚麼困難嗎？
④ 如果可以重新開始，你會選擇另一個方向嗎？
⑤ 為甚麼這件事對你那麼重要？
⑥ 甚麼是很重要，卻很少人知道的事情？
⑦ 如果想了解更多，可以怎樣做？
⑧ 你有甚麼新作品／服務即將推出嗎？

以上就是我會常問的題目。這只是參考，但這些問題可以助你從對方口中獲得不同的實用資訊。

然後就是開始錄音。在開始錄音後，不需要一開始便直接進入話題，可以先從一些簡單的閒聊開始，譬如問對方最近在忙些甚麼、有甚麼興趣之類，先為訪談暖場，在數分鐘之後才進入話題。

在錄音過程中，多聆聽。如果想進一步了解對方的話題，可以提出一些延伸問題。多給對方說，少搶白。

錄音後，你需要把內容進行剪輯，把一些無意思或閒聊刪走，讓觀眾收聽最精華部分，但是可以留下錄音的存檔備份，放上 Google Drive，讓嘉賓作為記錄或製作其他內容。

5.8
試用30秒
作內容預告

關於Podcast的剪輯，人人都有不同的建議，我在剪輯時會留意以下幾點：

① 聆聽Podcast的人會身處不同的環境，他們能聽到的音量也不同。儘管很多耳筒都有「降噪功能」，但也有一些聽眾只用一般的耳機。因此，錄音檔音量需要調高，確保聽眾能清晰地收聽。

② 不論是個人還是訪談，我們都有機會說了一些跟主題無關的內容。如果想觀眾聽得舒服，可以把無意義的內容剪掉。如何知道哪一段內容沒有意義？如果你不確定該段對話有沒有用，就把它剪掉。因為連你自己也不清楚，更何況聽眾？

③ 在Podcast正式開始之前，先介紹本集的重點。把內容整合，用30秒簡述出來，讓聽眾知道自己即將收聽的是甚麼。尤其是開始的10秒特別重要，這會決定聽眾會否繼續聽下去。

④ 人的記憶力有限，因此不要一次過向聽眾灌輸太多東西。嘗試把內容整合成三個重點並在介紹部分提及，讓聽眾能留意重點資訊。

⑤ 說完一個重點，用10秒左右整合剛才所說的話，讓聽眾能更深刻地記下內容。

⑥ 如果錄音長於30分鐘，建議把Podcast內容分成上下兩集，因為聽眾很少會一次過聆聽超過30分鐘或以上。我經常會收到一些聽眾建議，要求我把節目剪成兩集，讓他們能夠一段一段聆聽而不是一次過聽完，更容易記得內容。

⑦ 不要因為「完美主義」而停止分享。我試過因為想節目做得更好而過度剪輯，花了大量時間，結果因此耽誤了Podcast的發佈。

5.9
收聽長度
決定內容方向

由於我有90%的聽眾都來自 Apple Podcast，因此數據
分析也集中在 Apple Podcast 之上。在暫存網站上，你
只能看見下載量以及下載來源等數字，至於聽眾的真實行
為，只能透過平台如 Apple 或 Spotify 才能看到。

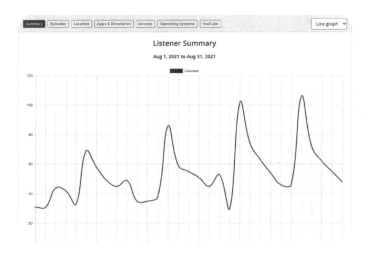

上圖是我的Podcast數據，第一張來自寄存網站，第二張則來自Apple Podcast。在Apple Podcast，我可以充分了解到聽眾到底喜不喜歡我的Podcast——以一個重要數字：平均聆聽長度（Average Consumption，觀眾平均聆聽的百分比）來量度他們的喜好。

這個數字愈高，代表他們對內容愈感興趣。因此，如果你想確認觀眾偏好的Podcast長度，可以嘗試推出一些長系列的集數，看看數字有沒有升降。

我基本上只會看聆聽百分比，因為它代表了整個Podcast的表現。數字愈差，代表Podcast內容需要進行修正，例如把Podcast長度剪短或重新選擇題材。

要讓更多人成為你的忠實聽眾，第一步可以做的是取得聽眾的電郵地址。

有些聽眾並不會「訂閱」你的頻道，也不會主動打開 Podcast App。這時候，透過電郵向聽眾推送 Podcast 便非常重要。透過電郵，聽眾可以在不打開 App 的情況下也能接收最新資訊。

你更可以透過電郵進行銷售，向聽眾推送你的產品或服務資訊，吸引他們購買。

你可以嘗試製作免費的影片或電子書，讓聽眾留下電郵並經電子郵箱發送。例如我製作了一本免費的 IG 行銷電子書，內容大約 8,000 字，讓人免費下載。他們需要做的就是留下電郵，我便會發送電子書到他的郵箱，過程非常簡單。另外一個保留聽眾的方法，就是要多看他們的意見、留言，了解他們對甚麼感興趣以及對你的 Podcast 有甚麼想法，絕對能幫助頻道成長。

本章節為大家介紹了很多和 Podcast 有關的資訊，所有都是我的第一身經驗。希望它可以幫助大家，建立下一個熱門頻道。

在建立Podcast時，謹記一個重點，就是所有社交媒體都是互相關連的，不要以為開設一個Podcast頻道就只需要專注在Podcast。除了在Podcast平台外，頻道還可以成為連結，把你的目標受眾互相緊扣，建立一個屬於你的品牌以及擁有相同興趣的社群。

你可以透過：Facebook群組、Telegram群組或Discord群組，建立一個容許聽眾發表內容和想法的平台，讓聽眾與你以及其他聽眾互動。

透過社群，你可以：

① 製作用戶生成內容（UGC內容），這些內容可以讓你在IG以及Facebook分享
② 了解聽眾的痛點
③ 作為發佈資訊的途徑

社群的價值非常高，在Podcast成熟後，可以考慮開設一個Telegram頻道，增加你和聽眾的連繫。

營運網店的實用工具

營運網店除了依靠IG外，還有很多實用工具與平台可以使用，除了用以行銷，也可以協助顧客關係管理。以下是我個人推薦以及常用的工具：

1. **IG商業帳號：** 用作建立品牌、聯繫觀眾以及獲得顧客的地方

2. **Linktree：** 把你的IG連結變成一個分類頁面，讓你能把觀眾導往不同的地方

3. **Sendfox/Sendinblue：** 電郵行銷工具，把IG、YouTube等觀眾變成你的個人資產，再透過電郵行銷連繫你和顧客

4. **Manychat：** 自動化聊天機械人，讓你能透過聊天機械人回覆提問或提升帖文的互動

5. **Hootsuite：** 社群帖文排程，讓你透過一個地方把帖文分享到Facebook以及IG

6. **Google My Business：** 接觸潛在顧客以及了解本地商店

7. **Ubersuggest**：透過內容行銷以及關鍵字分析，改善網站的SEO

8. **Google Ads**：關鍵字以及Google類產品的行銷廣告平台，進行SEM (Search Engine Marketing) 廣告

9. **OBS**：直播串流軟件，讓你能在多個平台上進行直播

10. **Facebook Ads Manager**：在Facebook以及IG上投放廣告

11. **Facebook Creator Studio**：排程帖文以及分析IG和Facebook的專業表現

12. **Anchor.fm**：免費Podcast寄存網站，讓你能輕鬆地發佈Podcast

13. **Frase.io**：內容創作、資料搜集工具

14. **Wave.video**：影片後製、廣告影片製作

15. **Invideo.io**：廣告影片製作

16. **iPhone12 Pro**：拍照、錄製影片以及進行直播

17. **PowerShot G7 X Mark III**：拍攝YouTube影片以及Vlog

18. **舒爾 Shure MOTIV MV7**：主播麥克風，用作影片以及Podcast收音

結語

IG和Podcast為我的事業帶來了非常大的幫助,我希望這本書所介紹的方法同樣能為大家帶來幫助。謹記,讀完這本書後,一定要執行、嘗試書中所介紹的方法。

「執行是改變的基礎」,如果你想事業獲得轉變,便需要作出行動。

本書的方法能「永遠有效」嗎?部分可以,但某些「策略」可能因為消費者的行為轉變而不再適用。例如現在IG Carousel帖文仍然十分受歡迎,但未來人們可能連50字也懶得再看。

世上沒有永恆的策略,我們需要不斷學習、測試以應付轉變。很多人問我:「Isaac,演算法變了,現在我的帖文很難觸及觀眾了。」我總是會回應他們:「演算法實際上以觀眾行為為基礎,你的帖文無法讓他們產生興趣。你需要做的是更了解你的觀眾。」

社交媒體、行銷是一個需要無止境學習的世界,如果你在行銷與創業路上遇到障礙,歡迎透過IG @isaac.startup 聯絡我,看看我能否為你分享一些個人經驗。最後,請訂閱[Slashmarketing.com](https://slashmarketing.

today/)的電子報，我會每星期為你傳送一封跟行銷有關
的實用電子報，讓你能吸收最新的實用資訊。

槓桿行銷

作　　者　王子維（Issac Wong）

責任編輯　何欣容

書籍設計　五十人

蜂鳥出版
HUMMING PUBLISHING

在世界中哼唱，留下文字迴響。

出　　版　蜂鳥出版有限公司

電　　郵　hello@hummingpublishing.com

網　　址　www.hummingpublishing.com

臉　　書　www.facebook.com/humming.publishing/

發　　行　泛華發行代理有限公司

圖書分類　①市場學　②網絡行銷

初版一刷　2022 年 3 月

定　　價　港幣 HK$118　新台幣 NT$590

國際書號　978-988-75053-1-0

版權所有，翻印必究（Printed & Published in Hong Kong）

©2022 Humming Publishing Ltd. All rights reserved